**图书在版编目（CIP）数据**

山水林田湖草生态保护修复试点工程综合成效评估 ：以小兴安岭-三江平原为例 / 王书航等著. -- 北京 ：中国环境出版集团, 2025. 8. -- (重要河湖治理技术与实践系列丛书). -- ISBN 978-7-5111-6347-9

Ⅰ. X321.23

中国国家版本馆 CIP 数据核字第 2025418T5M 号

审图号：GS 黑（2025）98 号

**责任编辑** 曲 婷
**封面设计** 彭 杉

---

**出版发行** 中国环境出版集团
（100062 北京市东城区广渠门内大街 16 号）
网 址：http://www.cesp.com.cn
电子邮箱：bjgl@cesp.com.cn
联系电话：010-67112765（编辑管理部）
发行热线：010-67125803，010-67113405（传真）
**印 刷** 北京鑫益晖印刷有限公司
**经 销** 各地新华书店
**版 次** 2025 年 8 月第 1 版
**印 次** 2025 年 8 月第 1 次印刷
**开 本** 787×1092 1/16
**印 张** 12.75
**字 数** 272 千字
**定 价** 85.00 元

---

# 序言

建设美丽中国是习近平总书记亲自布局的重大举措，是强国建设、民族复兴宏伟目标的重要构成。“五山一水一草三分田”的黑龙江因独特的地理位置、丰富的生态资源，扛起了筑牢祖国北方生态安全屏障的政治责任和国家粮食安全的“压舱石”。习近平总书记始终关心关注黑龙江省生态文明建设，三次视察黑龙江省都对生态环境保护工作作出重要指示，指出黑龙江“一定要保护好湿地”，“绿水青山是金山银山，黑龙江的冰天雪地也是金山银山”“生态就是资源、生态就是生产力”“林区转型发展既要保护好生态，也要保障好民生”，黑瞎子岛“要保护生态，留一张白纸”，赋予了黑龙江省维护国家国防安全、粮食安全、生态安全、能源安全、产业安全的重大使命。

小兴安岭-三江平原区域位于黑龙江省中东部，区域山水林田湖草等自然要素兼备，生态功能地位突出，在全国63个重要生态系统服务功能区名录中占有两席，是我国和亚洲东北部目前保存下来的最为典型和完整的原生红松阔叶混交林分布区之一，也是我国湿地最集中、面积最大及其生物多样性最为丰富的关键地区之一，还是中俄两国界河主要所在地。由于受人为活动和矿山开采活动的影响，区域生态安全遭受持续威胁，局部生态环境恶化，生物多样性下降，水土流失较为严重，生态产品供给能力不足等问题日益显现，保护修复刻不容缓。

为贯彻落实习近平总书记重要讲话重要指示精神，系统解决区域生态环境问题，筑牢我国东北乃至东北亚地区生态安全屏障，保障国家粮食安全，黑龙江省人民政府于 2018 年 10 月提出“小兴安岭-三江平原山水林田湖草生态保护修复工程试点实施方案”（以下简称实施方案），以提升区域生态安全屏障功能为目标，探索创新修复模式，创造性提出“两屏一带一区”的总体布局，形成森林保护修复、矿山环境治理恢复、土地整治与恢复、水环境保护治理、生物多样性保护、监管能力提升六大类，65 个项目，总投资 88.57 亿元。

按照国家要求及黑龙江省工程验收的有关规定，各地市政府于 2022 年 7 月至 2023 年 11 月组织先行验收，2023 年 11 月 9 日—12 月 20 日，第三方和相关领域专家对 65 个子项目逐一进行整体验收。截至 2023 年 12 月，63 个工程类子项目均已完成验收，由省直有关部门承担的 2 个监管能力提升子项目完成专家评审验收。通过 5 年试点工程和带动工程的实施，试点区域生态成效逐渐显现，以生态环境高水平保护支撑了经济社会高质量发展，以经济社会高质量发展反哺生态环境高水平保护，打造了美丽中国的“龙江样板”。在“修山护林”方面，通过森林保护修复和矿山环境治理，新增林草保护修复面积 9 415.55 $hm^2$，修复废弃矿山 3 337.66 $hm^2$，涵养水源能力整体提升。在“治水修护”方面，区域水环境质量提升显著，倭肯河脱劣Ⅴ类，优良水体比例由 2018 年的 41%提升至 2022 年的 74%，水环境“提质”“增效”“扩容”。在“治土保田”方面，建设 37.5 万亩[①]高标准农田，粮食产量得到提升，为“中国碗”装满“中国粮”发挥重要保障作用。生物多样性保护方面，生物栖息地保护修复面积达到 1 万 $hm^2$ 以上，

① 1 亩=1/15 $hm^2$。

野生动植物种群逐渐增多，人与自然和谐共生。

项目组人员通过资料收集、现场查勘和调研座谈，查阅子项目存档资料、子项目验收成果、工程成效评估、工程整体情况报告、有关监测数据等工作，总结经验成效，从优化生态系统格局、提升生态系统质量、增强生态系统服务功能、消除人为胁迫、维护生态环境效益持续发挥等方面评估试点区域的生态成效，编制《小兴安岭-三江平原山水林田湖草生态保护修复工程成效评估方法》。

本书立足生态系统格局优化、质量提升、功能增强的三维视角，创新构建涵盖生态本底评估、过程监测、效益分析的评估框架。在方法论层面，既注重遥感监测、生物指示物等现代技术手段的应用，又强调居民生态感知等质性研究的价值；在指标体系设计上，既包含森林覆盖率、水质达标率等传统定量指标，又创新引入生物完整性指数等新型参数。工程实践中形成的“整体保护、系统修复、区域统筹、协同治理”原则，为破解生态治理碎片化难题提供了“龙江方案”。特别是在应对气候变化、生物多样性保护等全球性议题方面，工程创造的碳汇增益、物种保护等经验，正在转化为参与全球环境治理的中国智慧。这种多维度的评估体系，既是对工程成效的全面检视，更是为后续生态工程提供了可复制、可推广的评估范式。

随着成效评估方法的推广应用，生态修复工程正在从项目化实施向常态化治理转变，从工程性措施向制度性保障深化。本书作为首部系统性总结小兴安岭-三江平原生态保护修复经验的学术成果，既是对过往实践的提炼升华，更是面向未来的行动指南。它记录着生态建设者爬坡过坎的奋斗足迹，承载着科研工作者求索创新的智慧结晶，更寄托着万千民众对美好生活的热切期盼。当评估方法转化为新的治理实践，我们相信北疆大地的绿色传奇必将绽放更加绚丽的光彩，为共建地球生命共同体贡献“中国方案”。

习近平总书记在统筹推进生态文明建设的全局谋划中深刻指出：要秉持生命共同体理念，深化山水林田湖草沙一体化保护和系统治理，打造山海相连、陆海统筹的全域生态治理体系。注重自然恢复与人工干预的有机结合，坚持因地制宜、因时施策，实施分区分类精准治理，探索符合地域特征的生态修复最优路径。这一重要论断，不仅为新时代生态文明建设提供了科学指南，更在方法论层面赋予了生态保护修复工作鲜明的实践品格。

自2016年起，财政部、自然资源部（原国土资源部）、生态环境部（原环境保护部）共同推进山水林田湖草生态保护修复工程试点工作，旨在通过系统性、综合性的生态保护与修复措施，解决区域性生态环境问题，提升生态系统质量和稳定性。目前，全国已有6批51个地区纳入该工程范围，取得了显著成效。小兴安岭-三江平原地区，作为我国东北地区的重要生态屏障和粮食生产基地，其生态系统保护与修复工作具有特殊战略意义。该地区横跨黑龙江省中东部，总面积广阔，是我国“两屏三带”生态安全战略格局中东北森林带的核心区域。

本书正是基于上述评估工作而成。全书共8章，详细阐述了试点工程的背景、概况、绩效目标评价、质量调查、成效评估及经验总结等方面内容。在编写过程中，本书得到了国家相关部委、地方政府、科研院所及工程实施单位的大力支持，在此一并表示感谢。

我们希望通过本书的出版，能够为山水林田湖草生态保护修复工作提供有益参考，推动我国生态文明建设迈向新台阶。

由于编者水平有限，书中难免存在不足之处，敬请广大读者批评指正。

# 目 录

# 第1章

# 总　论

## 1.1 项目背景

小兴安岭-三江平原区域北部和东部分别隔黑龙江、乌苏里江与俄罗斯相望，西部与绥化市、哈尔滨市毗邻，南部与鸡西市接壤，包括佳木斯市、鹤岗市、双鸭山市、七台河市本级及所属的13个县（市），原伊春市本级及哈尔滨市所属依兰县，总面积为9.96万$km^2$，占黑龙江省总面积的21.06%。该区域山水林田湖草等自然要素兼备，生态功能地位突出，在全国63个重要生态系统服务功能区名录中占有两席，也是全国重要的产品提供功能的生态功能区。此区域是我国和亚洲东北部目前保存下来最为典型和完整的原生红松阔叶混交林分布区之一，也是我国湿地最集中、面积最大及生物多样性最为丰富的关键地区之一，还是中俄两国界河主要所在地。由于受人为活动和矿山开采活动的影响，区域生态安全遭受持续威胁，局部生态环境恶化，生物多样性下降，水土流失较为严重，生态产品供给能力不足等问题日益显现，保护修复刻不容缓。

2018年10月，小兴安岭-三江平原地区作为黑龙江省的代表申报了自然资源部、财政部和生态环境部联合组织的第三批山水林田湖草生态保护修复试点项目的竞争立项，并于2019年成功进入试点工程名录。“小兴安岭-三江平原山水林田湖草生态保护修复工程试点实施方案”（以下简称《实施方案》）创造性提出“两屏一带一区”的总体布局，形成森林保护修复、矿山环境治理恢复、土地整治与恢复、水环境保护治理、生物多样性保护、监管能力提升六大类，65个项目，总投资88.57亿元。为了深入了解小兴安岭-三江平原的生态安全状况，科学诊断面临的主要环境问题，有针对性制定综合保护修复方案，开展小兴安岭-三江平原区域生态安全调查评估工作。《小兴安岭-三江平原生态安全调查与评估方案》分为两期，Ⅰ期为摸清区域生态环境现状，针对试点范围区域开展调查；Ⅱ期为总项目实施效果评估。本书数据是在《小兴安岭-三江平原生态安全调查与评估方案》的结果上进行梳理和总结。

## 1.2 目标与主要内容

### 1.2.1 目标

以实施方案总体要求为指导，根据工程实施前后生态环境变化，从污染物治理成效、水环境变化、水生态效能、森林保护成效、生物多样性保护成效、管理能力成效调查等方面完成项目实施情况评估、任务完成情况评估、目标达成情况评估，通过构建指标体系，确定参照标准，客观评价项目实施的效益以及区域的综合绩效，开展小兴安岭-三江平原修复成效评估；针对评估结果识别区域存在的主要问题，形成相应的对策，为后续的绩效评估和综合治理方案提供基础资料与科学依据。

### 1.2.2 主要内容

（1）区域基本信息调查

主要包括区域位置、涉及市（县），气候特征、河流水系、地形地貌，区域生态功能定位。

（2）区域人类活动影响调查

包括市（县）的人口、社会经济状况调查。

（3）水环境调查

包括倭肯河、汤旺河、挠力河、鹤立河等松花江、黑龙江主要支流的水质状况，分析已有断面水质超标的原因。

（4）矿山生态环境状况调查

开展小兴安岭-三江平原山水林田湖草生态保护修复工程试点项目区（以下简称项目区）矿山的生态环境状况调查，主要包括位置、面积、影响范围、污染状况等方面。

（5）生态服务功能调查

采用遥感等手段针对项目区水土流失状况、植被覆盖状况、森林覆盖状况、水源涵养状况、生物多样性状况等方面开展调查，在调查的基础之上，评估项目区生态服务功能时空演变规律，并识别区域内生态敏感区。

（6）项目实施情况调查

试点工程实施区域森林生态系统修复、矿山环境治理、生物多样性保护、水环境综合整治、土地综合整治等工程实施情况调查。

## 1.3 研究范围和基准年

### 1.3.1 地理位置

项目区位于我国最北部黑龙江省的东部，范围为东经 127°37′22.86″～135°5′55.28″、北纬 44°51′20.43″～49°26′16.22″，北部和东部分别隔黑龙江、乌苏里江与俄罗斯相望，西部与绥化市、哈尔滨市毗邻，南部与鸡西市接壤。项目区在全国的地理位置见图 1-1。

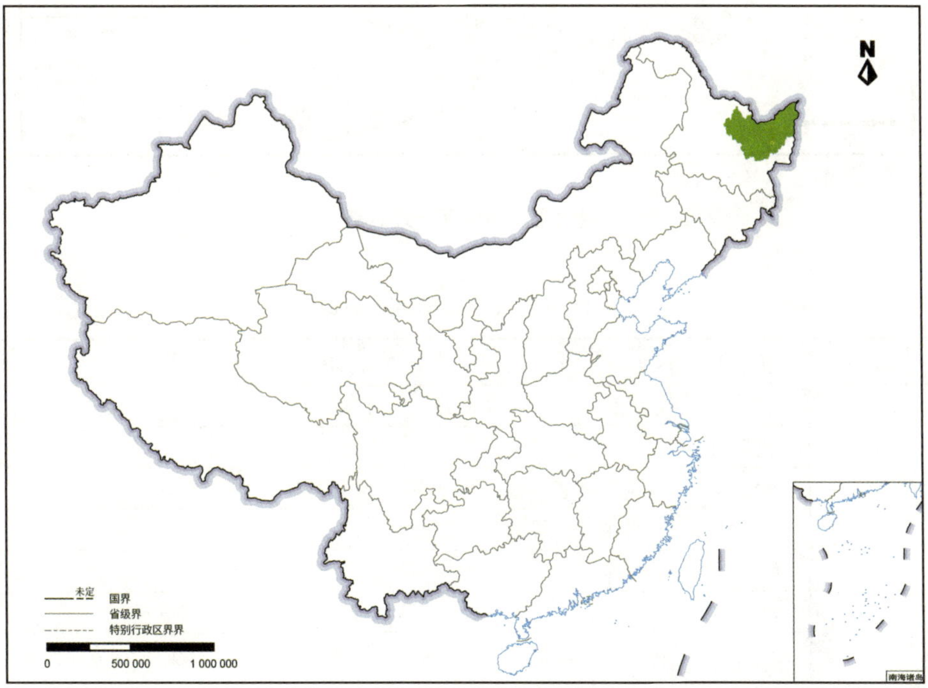


图 1-1 项目区在全国的地理位置

### 1.3.2 调查范围

项目区涉及佳木斯市、鹤岗市、双鸭山市、七台河市本级及所属的 13 个县（市），伊春市市辖区和所属汤旺县、南岔县、丰林县、大箐山县带岭镇（原伊春市本级），哈尔滨市所属依兰县。区域总面积为 9.96 万 $km^2$，占黑龙江省总面积的 21.06%，见图 1-2。小兴安岭-三江平原行政区见表 1-1。

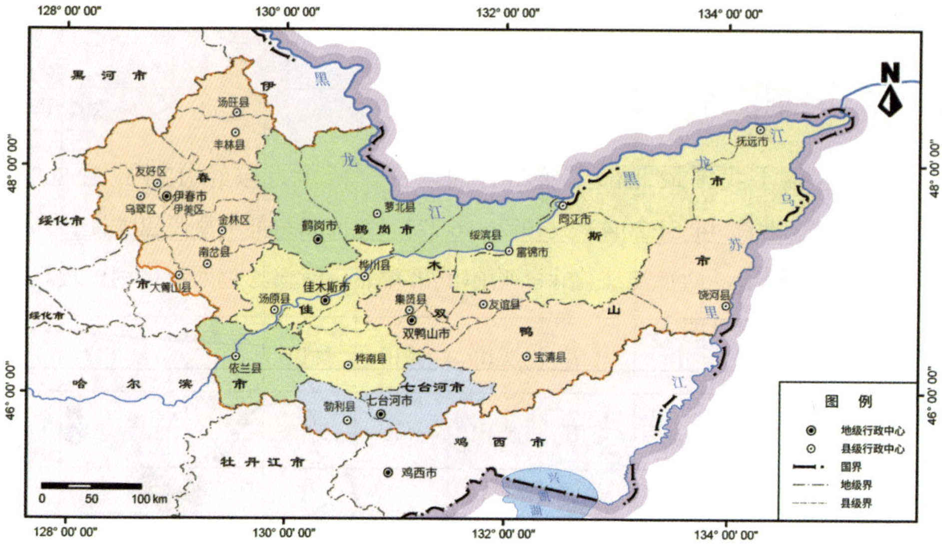


图 1-2 项目区行政区划

表 1-1 小兴安岭-三江平原行政区

| 市 | 区、县 | 乡镇 |
|---|---|---|
| 伊春 | 市辖区 | 伊美区、乌翠区、友好区、金林区 |
| | 汤旺县 | 乌伊岭镇、汤旺河镇 |
| | 南岔县 | 南岔镇、晨明镇、浩良河镇、梧桐镇 |
| | 丰林县 | 新青镇、红星镇、五营镇 |
| | 大箐山县 | 带岭镇 |
| 鹤岗 | 市辖区 | 东山区、兴山区、向阳区、工农区、南山区、兴安区 |
| | 萝北县 | 凤翔镇、鹤北镇、名山镇、肇兴镇、团结镇、云山镇、太平沟乡、东明朝鲜族乡 |
| | 绥滨县 | 绥滨镇、绥东镇、忠仁镇、连生乡、北岗乡、北山乡、福兴乡、新富乡、富强乡 |

| 市 | 区、县 | 乡镇 |
| --- | --- | --- |
| 佳木斯 | 市辖区 | 向阳区、前进区、东风区、郊区 |
| | 桦南县 | 桦南镇、土龙山镇、孟家岗镇、闫家镇、石头河子镇、驼腰子镇、梨树乡、金沙乡、明义乡、大八浪乡 |
| | 桦川县 | 悦来镇、横头山镇、苏家店镇、新城镇、四马架镇、东河乡、创业乡、梨丰乡、星火朝鲜族乡 |
| | 汤原县 | 香兰镇、鹤立镇、竹帘镇、汤原镇、汤旺朝鲜族乡、胜利乡、吉祥乡、振兴乡、太平川乡、永发乡 |
| | 抚远市 | 抚远镇、浓桥镇、乌苏镇、寒葱沟镇、别拉洪乡、海青乡、鸭南乡、浓江乡、通江乡 |
| | 同江市 | 同江镇、乐业镇、三村镇、临江镇、向阳镇、青河镇、街津口赫哲族乡、八岔赫哲族乡、金川乡、银川乡 |
| | 富锦市 | 富锦镇、二龙山镇、向阳川镇、锦山镇、头林镇、兴隆岗镇、宏胜镇、上街基镇、砚山镇、长安镇、大榆树镇 |
| 双鸭山 | 市辖区 | 四方台区、尖山区、岭东区、宝山区 |
| | 集贤县 | 福利镇、集贤镇、升昌镇、丰乐镇、太平镇、腰屯乡、兴安乡、永安乡 |
| | 友谊县 | 友谊镇、兴隆镇、凤岗镇、龙山镇、兴盛乡、东建乡、庆丰乡、友邻乡、新镇乡、建设乡、成富朝鲜族满族乡 |
| | 宝清县 | 宝清镇、七星泡镇、青原镇、夹信子镇、龙头镇、小城子镇、朝阳乡、万金山乡、尖山子乡、七星河乡 |
| | 饶河县 | 饶河镇、小佳河镇、西丰镇、五林洞镇、西林子乡、四排乡、大佳河乡、山里乡、大通河乡 |
| 七台河 | 市辖区 | 茄子河区、桃山区、新兴区 |
| | 勃利县 | 勃利镇、大四站镇、双河镇、倭肯镇、小五站镇、永恒乡、吉兴朝鲜族满族乡、杏树朝鲜族乡、青山乡、抢垦乡 |
| 哈尔滨 | 依兰县 | 依兰镇、达连河镇、道台桥镇、三道岗镇、江湾镇、宏克力镇、团山子乡、愚公乡、迎兰朝鲜族乡 |

### 1.3.3 调查基准年

本次生态安全调查与评估项目基准年为2018年，评估年为2022年，项目实施成效评估时间为2023年12月。

## 1.4 本书编制依据

### 1.4.1 法律、法规

（1）《中华人民共和国水法》（2016 年修正）；

（2）《中华人民共和国环境保护法》（2014 年修订）；

（3）《中华人民共和国土地管理法》（2019 年修正）；

（4）《中华人民共和国矿产资源法》（2009 年修正）；

（5）《中华人民共和国森林法》（2019 年修订）；

（6）《中华人民共和国野生动物保护法》（2022 年修订）；

（7）《中华人民共和国水污染防治法》（2017 年修正）；

（8）《中华人民共和国水土保持法》（2010 年修订）；

（9）《中华人民共和国自然保护区条例》（2017 年修订）；

（10）《中华人民共和国野生植物保护条例》（2017 年修订）；

（11）《地质灾害防治条例》（2004 年）；

（12）《中华人民共和国湿地保护法》（2021 年）；

（13）《黑龙江省湿地保护条例》（2015 年）。

### 1.4.2 政策、文件

（1）习近平总书记在第八次全国生态环境保护大会上的讲话（2018 年 5 月 18 日）；

（2）《中共中央 国务院关于加快推进生态文明建设的意见》（2015 年 4 月 25 日）；

（3）中共黑龙江省委、黑龙江省人民政府《关于加快推进生态文明建设的实施意见》（2015 年 9 月 16 日）；

（4）中共中央办公厅、国务院办公厅《关于划定并严守生态保护红线的若干意见》（2017 年 2 月）；

（5）国家林业局、国家发改委、财政部、国土资源部、环境保护部、水利部、农业部、国家海洋局《关于印发〈贯彻落实湿地保护修复制度方案的实施意见〉的函》（林函湿字〔2017〕63 号）；

（6）国土资源部关于印发《自然生态空间用途管制办法（试行）》的通知（国土资发〔2017〕33号）；

（7）财政部、国土资源部、环境保护部《关于组织申报第三批山水林田湖草生态保护修复工程试点的通知》（财办建〔2018〕139号）；

（8）财政部关于印发《重点生态保护修复治理资金管理办法》的通知（财资环〔2021〕100号）。

### 1.4.3 规划、报告

（1）《全国生态功能区划（修编版）》（2015年）；

（2）《全国重要生态系统保护和修复重大工程总体规划（2021—2035年）》；

（3）《黑龙江省生态功能区划》（2005年）；

（4）《中国生物多样性保护战略与行动计划（2011—2030年）》；

（5）《全国湿地保护实施规划（2022—2030年）》；

（6）《黑龙江省国民经济和社会发展第十四个五年规划和二〇三五年远景目标规划纲要》；

（7）《黑龙江省"十四五"生态环境保护规划》；

（8）《黑龙江省国土空间规划（2021—2035年）》；

（9）《黑龙江省矿产资源总体规划（2021—2025年）》；

（10）《黑龙江省耕地草原河湖休养生息规划（2016—2030年）》；

（11）《黑龙江省矿山地质环境详细调查报告》（黑龙江省国土资源厅、黑龙江省水文地质工程地质勘察院　2017年9月）；

（12）《黑龙江省矿山地质环境保护与治理规划（2018—2022年）》；

（13）《黑龙江省小兴安岭-三江平原山水林田湖草生态保护修复工程试点实施方案》（2018年）；

（14）《黑龙江省小兴安岭-三江平原生态安全调查与评估（Ⅰ期）报告》（2020年）；

（15）《黑龙江省矿山地质环境调查与综合治理规划实施方案》（2016年）。

### 1.4.4 规范、技术要求

（1）《生态保护修复成效评估技术指南（试行）》（HJ 1272—2022）；

（2）《山水林田湖草生态保护修复工程指南（试行）》（自然资办发〔2020〕38 号）；

（3）《环境地质调查技术要求（1∶50000）》（DD 2019—07）；

（4）《区域生态质量评价办法（试行）》（环监测〔2021〕99 号）；

（5）《区域环境地质勘查遥感技术规定（1∶50000）》（DZ/T 0190—2015）；

（6）《地质环境遥感监测技术要求（1∶250000）》（DZ/T 0296—2016）；

（7）《生态环境状况评价技术规范》（HJ 192—2015）；

（8）《地表水环境质量标准》（GB 3838—2002）；

（9）《生态地质调查技术要求（1∶50000）（试行）》（DD 2019—09）；

（10）《湖泊生态安全调查与评估技术指南》（2014 年）；

（11）《城镇污水处理厂污染物排放标准》（GB 18918—2002）；

（12）《矿山地质环境调查评价规范》（DD 2014—05）；

（13）《国土空间生态保护修复工程验收规范》（TD/T 1069—2022）；

（14）《全国生态状况调查评估技术规范——生态系统质量评估》（HJ 1172—2021）。

## 1.5 工作流程

2024 年 1—2 月，确定黑龙江省小兴安岭-三江平原山水林田湖草生态保护修复成效评估范围、评估周期和工作流程，查阅生态保护修复工程试点项目整体验收报告、子项目存档资料、子项目验收成果、工程成效评估等资料，整理统计各项绩效指标完成情况。

2024 年 3—4 月，形成并下发收集评估基础资料数据清单，对各市（地）上报材料进行归纳整理，分析历年地表水和饮用水水源地水质数据，梳理包括倭肯河、汤旺河、挠力河、鹤立河等松花江、黑龙江、乌苏里江主要支流的水质变化状况。确定评估范围内的自然保护区名录，收集并整理评估范围内自然保护区已记录的野生哺乳类、鸟类、两栖类等生物类群丰富度和国家重点保护物种数量变化情况等。

2024 年 5—6 月，采用遥感等手段针对项目区水土流失状况、植被覆盖状况、森林覆盖状况、水源涵养状况、生物多样性状况等方面开展调查分析。发放黑龙江省小兴安岭-三江平原山水林田湖草生态保护修复公众满意度调查问卷。

2024 年 7—8 月，结合项目区环境质量调查、生态调查、遥感监测等结果，对评估区域进行地理分区，构建评估指标体系，从生态系统格局、生态系统质量、生态系统服务功能和生物多样性保护等方面分析工程修复成效，形成报告初稿。

2024 年 9—10 月，结合生态效益、社会效益、经济效益，得出生态保护修复工程各分区生态保护修复成效指数，形成试点区生态保护修复综合成效评估结论。对自评估报告进行初步技术核实，征求相关部门意见和专家审查意见，提出修改建议，修改完善自评估报告。

2024 年 11—12 月，完成自评估报告专家评审，督促自评估报告完成。结合生态保护修复成效评估得分，综合评估各分区生态保护修复成效结果等级。归纳整理评估基础材料、数据、评估结果、专家意见，形成本年度总结报告和初步反馈意见。

本项目在工作开展和报告编制过程中得到了黑龙江省自然资源厅和黑龙江生态环境厅的全力指导，得到了地方各级部门的大力支持和帮助并为之提供了大量翔实数据，在此对所有支持帮助项目开展的人员一并表示感谢。

评估工作流程见图 1-3。

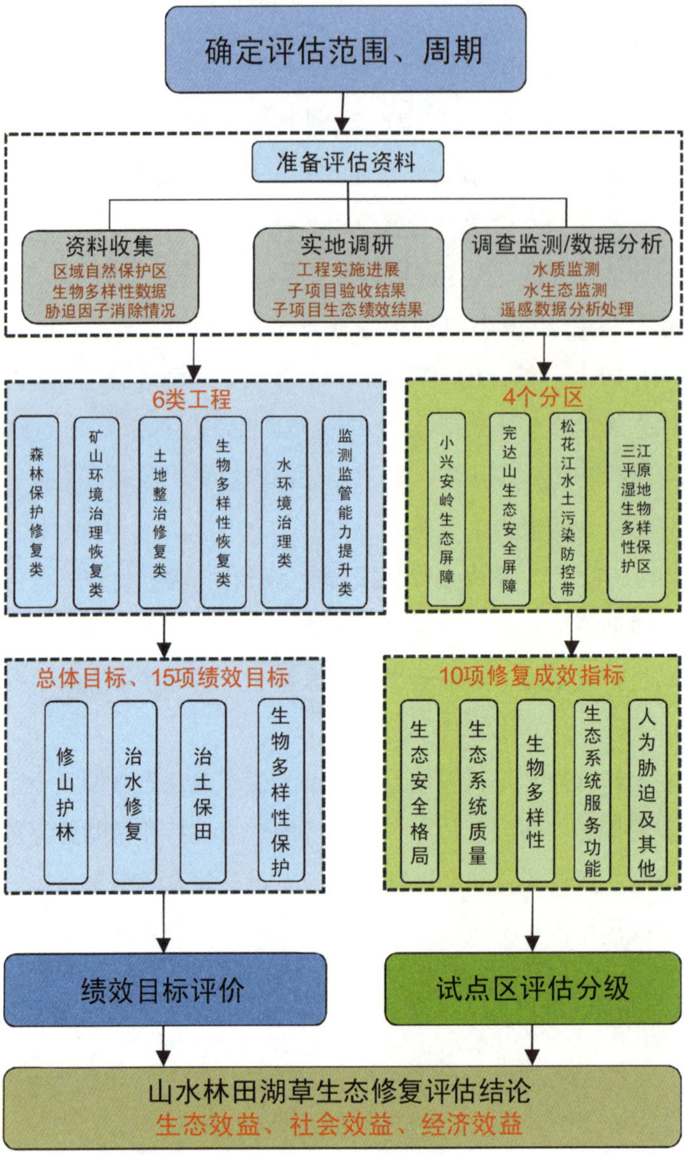
确定评估范围、周期
准备评估资料
资料收集
区域自然保护区
生物多样性数据
胁迫因子消除情况
实地调研
工程实施进展
子项目验收结果
子项目生态绩效结果
调查监测/数据分析
水质监测
水生态监测
遥感数据分析处理
6类工程
森林保护修复类
矿山环境治理恢复类
土地整治修复类
生物多样性恢复类
水环境治理类
监测监管能力提升类
4个分区
小兴安岭生态屏障
完达山生态安全屏障
松花江水土污染防控带
三江平原湿地生物多样性保护区
总体目标、15项绩效目标
修山护林
治水修复
治土保田
生物多样性保护
10项修复成效指标
生态安全格局
生态系统质量
生物多样性
生态系统服务功能
人为胁迫及其他
绩效目标评价
试点区评估分级
山水林田湖草生态修复评估结论
生态效益、社会效益、经济效益

图 1-3 评估工作流程

# 第2章

# 项目区概况

## 2.1 自然环境概况

### 2.1.1 地形地貌

项目区的地形高程为1～1 203 m（以DEM图计）。该区域地域辽阔，两座山脉（分别为小兴安岭和完达山）和三条大江（分别为国际界河黑龙江、乌苏里江和内河松花江）构成了区域的自然地势和基本地貌（图2-1）。

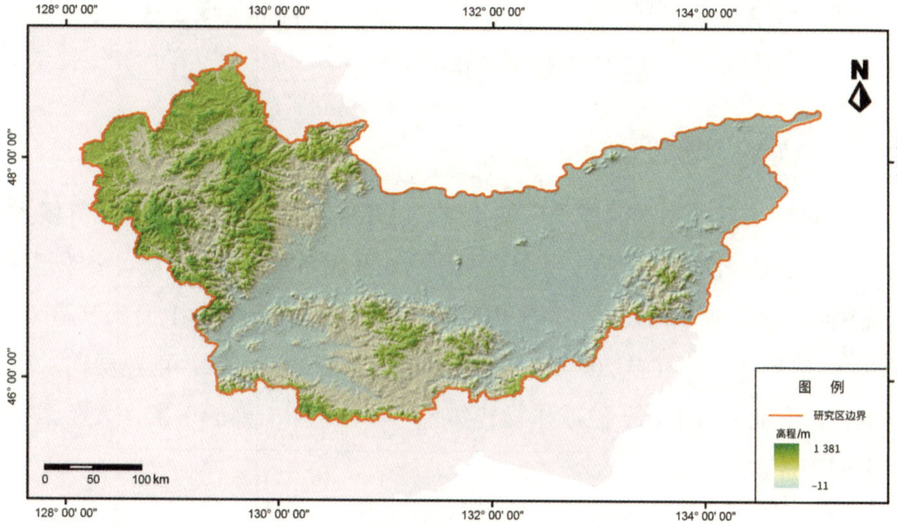


图2-1 项目区地形地貌

小兴安岭山脉呈西北—东南走向，海拔500～1 200 m。地势东南高、西北低，地貌表现出明显的成层性，属低山丘陵地形。南坡山势浑圆平缓，水系绵长；北坡陡峭，呈阶梯状，水系短促。北部多丘陵台地，地表以砂砾岩、玄武岩为主，河谷多宽谷；南部低山丘陵区，多出露海西期花岗岩，河谷多形成“V”形谷。完达山位于黑龙江省东部，属长白山山脉北延，主脉呈西南—东北走向，逶迤于挠力河与穆棱河之间，海拔831 m。

三江平原广阔低平，在东北平原的东北部地区，西部为小兴安岭东南缘和张广才岭东坡，中央横贯完达山脉，东北和南部为三江低平原和穆棱-兴凯平原，北部有断续的低山丘陵屹立于黑龙江沿岸。在大地构造上，三江平原以完达山为界，完达山以北的地区属于同江内陆断陷，是中、新生代大面积沉陷区，完达山以南的平原部分在大地构造上属新生代内陆断陷，为第三纪初断陷形成的平原。根据地质上的不同构造单元，三江平原具有 3 个不同地貌区。①西部和中部低山丘陵区，主要由低山丘陵、岗坡地和丘陵宽谷构成，其中低山丘陵一般海拔高于 500 m，丘陵海拔 200～500 m，岗坡地海拔为 100～200 m，相对高差 10～50 m，丘陵宽谷主要为河漫滩。②东北部低平原地区，该区广泛分布有一级阶地、高河漫滩和低河漫滩，零散分布有残丘状二级阶地；在完达山麓、抚远市以南一带还有冰水台地和波状台地分布。③东南部穆棱-兴凯低平原区，内部地域辽阔，地势低平，主要由高—低河漫滩、湖成阶地和湖滨滩地组成。

### 2.1.2 气候特征

小兴安岭-三江平原属温带季风性气候，以寒温带、半湿润大陆季风气候为主要特征，夏季受海洋气团影响，冬季受西伯利亚寒流影响，四季分明、冬季严寒、干燥而漫长；夏季温热而短暂。年平均气温 1.4～3.6℃，最冷为 1 月，气温−25～−20℃，最热为 7 月，气温 20～22℃，气温年较差最大达 40℃，雨热同期，适合万物生长，农业划分上属于温凉作物一熟区，适合一年一熟的玉米、大豆、春小麦、水稻等谷物生长。

受季风特征影响，小兴安岭-三江平原地区全年降水量 537.8～810.9 mm，夏多冬少，干季与湿季分明，夏季（6—8 月）降水量约占全年的 56.07%，而冬季（12 月—次年 2 月）降水量只占全年的 2.76%，春秋分别占 20.61%和 20.56%左右，年降水量变率在 20%以下。

### 2.1.3 河流水系

小兴安岭-三江平原区域内以三江构成水系构架，其中小兴安岭构成黑龙江水系与松花江水系的分水岭。小兴安岭山区属于松花江水系的主要河流有汤旺河、呼兰河等。三江平原主要河流：松花江及其支流倭肯河、安邦河、梧桐河、嘟噜河、蜿蜒河，黑龙江及其支流鸭蛋河、青龙莲花河、鸭绿河，乌苏里江及其支流别拉洪河、挠力河、七星河等，见图 2-2。

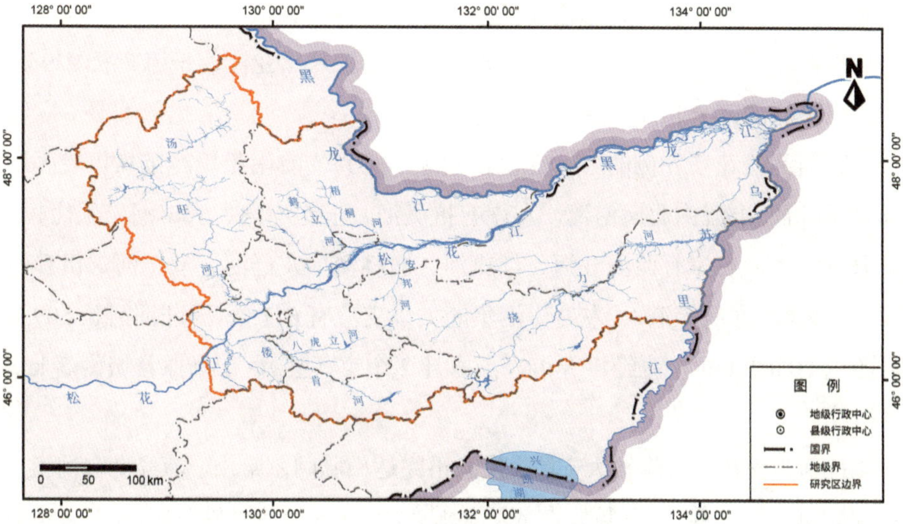


图 2-2 项目区河流水系

黑龙江是世界著名大河之一，跨中国、俄罗斯和蒙古 3 个国家，河道全长 4 440 km，流域总面积为 185.5 万 km$^2$，其中我国侧为 90.24 万 km$^2$，占全流域的 48.6%，除绥芬河流域外，均属黑龙江流域，面积达 44.71 万 km$^2$。石勒喀河与额尔古纳河是黑龙江上源的两大支流，在洛古河汇合后称为黑龙江干流。黑龙江干流全长 2 821 km，中国侧较大的支流有额木尔河、呼玛河、松花江、乌苏里江等；俄罗斯侧较大的支流有结雅河、布列亚河等。黑龙江干流流经三江平原河道 406 km，松花江为黑龙江最大支流。

乌苏里江发源于俄罗斯境内的锡霍赫特岭山脉西麓，由南向北流至俄罗斯哈巴罗夫斯克市汇入黑龙江。河道全长 890 km，流域面积为 18.7 万 km$^2$。松阿察河汇入后的中俄界河段乌苏里江长 492 km，全部位于三江平原。中国侧流域面积 5.98 万 km$^2$，占流域总面积的 32%，全部位于黑龙江省境内。乌苏里江是典型的平原冲击河流，流经三江平原区，是我国东北界河中较为平缓的河流。俄罗斯侧多山地，中国侧主要河流为穆棱河、挠力河。松阿察河为乌苏里江的西源，连接兴凯湖与乌苏里江，也是中俄界河。

松花江是我国七大江河之一，东西宽 920 km，南北长 1 070 km，跨越内蒙古、黑龙江、吉林和辽宁 4 省（区）。松花江有两源，北源嫩江发源于内蒙古自治区大兴安岭伊勒呼里山，南源第二松花江，发源于吉林省长白山天池，两江在三岔河汇合后称松花江干流，东流至黑龙江省同江市后汇入黑龙江，干流全长 939 km，流经三江平原的部分长 357 km。

汤旺河为松花江左侧的一大支流，发源于小兴安岭南麓伊春市乌伊岭区桔源林场 43 林班，干流由北向南流，左岸有抗美河、五道库河、大丰河、朱比拉河、亮子河等汇入，右岸有西汤旺河、红旗河、丽林河、友好河、双子河、伊春河、大西林河、西南岔河等汇入，左右岸汇集的大小支流有 611 条。汤旺河河长 509 km，流域面积 20 838 $km^2$，流经伊春市、汤原县 2 个市（县），于汤原县城南 5 km 处汇入松花江。

倭肯河为松花江右岸较大支流，发源于完达山脉阿尔哈山，流经七台河市、勃利县、桦南县、依兰县等市（县），在依兰县城东约 1 km 处注入松花江，全长 450 km。七台河市桃山以上为山地丘陵区，河谷狭窄，金沙河汇入后稍开阔。流至勃利县倭肯镇以后进入开阔的平原区，中高水位时最大水面宽 170～290 m，最大水深 2.2～5.2 m；枯水位时最大水面宽 10 m，最大水深 0.1 m，流域总面积 11 015 $km^2$。

八虎力河为倭肯河右岸一大支流，是松花江二级支流，发源于完达山脉阿尔哈山。流经本县长 110 km，河宽 25～40 m，正常流量为 8 $m^3/s$ 左右，流域面积为 1 260 $km^2$，径流量为 2.23 亿 $m^3$，八虎力河由东向西横贯全县，跨驼腰子、柳毛河、八虎力、桦南镇、三合、曙光农场、新兴、梨树等乡，在梨树乡清河村西，注入倭肯河。

鹤立河位于鹤岗市南部，发源于小兴安岭山脉的青黑山，全长 69 km，河宽 50 m，水深 1.0～1.5 m，流域面积 879 $km^2$，属常流河。上游为林区，中下游为农垦区。流域内煤炭蕴藏丰富，是我国重要的煤炭产地之一。

安邦河为松花江右岸支流，位于黑龙江省东部，发源于完达山支脉分水岗，自南向北流经双鸭山、集贤、桦川 3 个市（县），在桦川县新城乡境内注入松花江。

挠力河为黑龙江支流乌苏里江左岸的较大支流之一，发源于完达山脉北坡，七台河市东南部。干流由西南流向东北，经七台河市、宝清县，于饶河县东安古镇从左岸注入乌苏里江，全长 596 km，主河道如依其所有弯曲里程计算，全长 950 km，流域面积 23 988 $km^2$，主要支流有七星河、外七星河、蛤蟆通河等。

## 2.2 水资源特征

小兴安岭-三江平原山水林田湖草生态保护修复工程试点项目区水资源总量为 191.78 亿 $m^3$，其中地表径流量为 138.75 亿 $m^3$，地下水资源量为 77.38 亿 $m^3$（包括重复量）。另有过境的三大江，径流总量为 2 680 亿 $m^3$，为本地区工农业生产和社会经济发展提供了丰富的水资源。项目区水资源统计见表 2-1。

表 2-1　项目区水资源统计

| 河流 | 区域面积/$km^2$ | 多年平均径流量/亿 $m^3$ | 地下水资源量/亿 $m^3$ | 地表水与地下水重复量/亿 $m^3$ | 水资源总量/亿 $m^3$ |
|---|---|---|---|---|---|
| 汤旺河 | 20 838 | 52.20 | 14.44 | 1.00 | 68.64 |
| 乌苏里江干流 | 7 802 | 5.26 | 7.10 | 3.28 | 9.07 |
| 黑龙江干流 | 6 589 | 6.83 | 6.11 | 2.74 | 10.19 |
| 梧桐河 | 4 565 | 12.25 | 3.68 | 2.34 | 13.59 |
| 嘟噜河 | 1 849 | 3.66 | 1.76 | 0.84 | 4.58 |
| 青龙莲花河 | 2 825 | 1.55 | 3.84 | 1.35 | 4.05 |
| 别拉洪河 | 3 059 | 2.38 | 2.28 | 0.19 | 4.47 |
| 挠力河 | 23 283 | 23.51 | 14.13 | 5.18 | 32.47 |
| 倭肯河 | 11 123 | 12.53 | 5.53 | 2.93 | 15.14 |
| 安邦河 | 1 679 | 1.55 | 1.09 | 0.54 | 2.10 |
| 松花江干流 | 7 609 | 6.29 | 9.26 | 3.80 | 11.75 |
| 浓江鸭绿河 | 4051 | 3.56 | 4.44 | 1.44 | 6.56 |
| 阿布沁河 | 1667 | 3.87 | 1.37 | 0.95 | 4.29 |
| 七虎林河 | 2690 | 3.31 | 2.35 | 0.78 | 4.88 |
| 合计 | 99 629 | 138.75 | 77.38 | 27.36 | 191.78 |

## 2.3 土地资源概况

### 2.3.1 土壤类型

小兴安岭-三江平原区域土壤有 6 个土纲，12 个土类，36 个亚类。主要土壤有暗棕壤、草甸土、沼泽土、白浆土、黑土、水稻土等。其共同特征是气候湿润，土层滞水，腐殖质累积较高，且淋溶作用强烈，土壤肥力较高。土壤空间上以小兴安岭和完达山为界，山区多暗棕壤，平原多白浆土，而草甸土和沼泽土分布最广。白浆土主要分布在地势低平的黑龙江和乌苏里江汇合河谷冲积区域，黑土主要分布于完达山南北两侧山谷处向松花江蔓延，水稻土分布较少，主要集中在区域内松花江上游两岸。

### 2.3.2 矿产资源

项目区矿产资源丰富，品种齐全，探明储量矿产 81 种，其中能源矿产 5 种，黑色金属矿产 3 种，有色金属矿产 11 种，贵金属矿产 6 种，稀有稀土分散元素矿产 8 种，冶金辅助原料非金属矿产 7 种，化工原料非金属矿产 7 种，建材和其他非金属矿产 32 种，水气矿产 2 种。项目区煤炭资源储量 109 亿 t，居东北三省之冠；14 种矿产资源的储量居全省之首，如石墨探明储量 14.2 亿 t，占全国总储量的 60%以上，硅线石为全国独有，可谓国家的天然宝藏。

## 2.4 动植物资源概况

### 2.4.1 植物资源

项目区从高等植物到低等植物共有 1 200 多种，其中乔灌树种有 100 余种，苔藓植物有 260 多种，蜜源植物和较有经济价值的植物近 300 种，蕨类植物 31 种，种子植物 700 多种。项目区拥有亚洲面积最大、保存最完整的红松原始林，蓄积量较多的树种有红松、云杉、冷杉、兴安落叶松、樟子松、水曲柳、山桃、核桃楸、黄杨木、枫树、暴马子树、黄檗等，藤条灌木遍布整个项目区，各种珍稀名贵的针阔叶树种达 110 余种。国家保护的野生植物 15 种，主要有红松、野大豆、黄檗等。项目区内丰富的植物资源见图 2-3。

兴凯松

樟子松

红松

云杉

黄檗

核桃楸

图 2-3 项目区内丰富的植物资源

## 2.4.2 动物资源

初步统计，项目区共有野生动物 400 多种，其中兽类 88 种、鸟类 361 种、爬行类 16 种、两栖类 11 种。属国家一级保护的兽类有东北虎、豹、紫貂、貂熊、梅花鹿 5 种，鸟类有丹顶鹤、大鸨、白獾、中华秋沙鸭等 12 种；属国家二级保护的兽类有马鹿、黑熊、棕熊、雪兔等 11 种，鸟类有大天鹅、花尾榛鸡、鸳鸯等 56 种。其中有许多都是本省乃至全国十分珍贵的野生动物，如东北虎、紫貂、梅花鹿、马鹿等。项目区内国家级保护动物见图 2-4。

东北虎

紫貂

黑熊

梅花鹿

丹顶鹤

中华秋沙鸭

图 2-4　项目区内国家级保护动物

### 2.4.3 鱼类资源

项目区内有鱼类资源 82 种，其中黑龙江流域鱼类有 70 余种，鱼类区系属古北界黑龙江过渡区的黑龙江亚区，其中上第三纪区系复合体占 20%，常见的种类有麦穗鱼、鲤、泥鳅、鲇等；北方平原区系复合体占 10%，如黑斑狗鱼、瓦氏雅罗鱼和黑龙江花鳅；北方山区区系复合体占 13.3%，如细鳞鲑等；江河平原区系复合体占 36.7%，如鲂、银鲫等；亚热带平原区系复合体占 10%，如黄颡鱼、葛氏鲈塘鳢、乌鳢等。项目区内分布有列入《濒危野生动植物种国际贸易公约》（CITES）附录Ⅱ的鱼类施氏鲟和达氏鳇，珍贵江海洄游性鱼类大马哈鱼、日本七鳃鳗等，常见鱼类有鲤、鲫、鲇、鲢等；乌苏里江流域常见鱼类有黑斑狗鱼、鲤、鲫、鳊、鲢、草鱼、鲇和葛氏鲈塘鳢等 20 余种。

## 2.5 自然保护区情况

根据黑龙江省林草局提供的三区三线整合后的自然保护地统计，项目区内共有自然保护地 96 个，其中国家级自然保护地 55 个，省级自然保护地 39 个，市(县)级自然保护地 2 个，总面积为 19 951 km$^2$，占项目区面积的 19.98%。三江国家级自然保护区、洪河国家级自然保护区、七星湖省级森林公园、友好国家级自然保护区属于“国际重要湿地”。

根据自然保护地类型分区，项目区内自然保护地主要分为自然保护区、森林公园、湿地公园、地质公园等。其中自然保护区 35 个，保护面积 14 618.22 km$^2$；森林公园 32 个，保护面积 1 133.03 km$^2$；湿地公园 12 个，保护面积 206.28 km$^2$；地质公园 2 个，保护面积 256.85 km$^2$；风景名胜区 2 个，保护面积 314.31 km$^2$。项目区内自然保护区基本情况见表 2-2。

表 2-2 小兴安岭-三江平原国家自然保护区基本情况

| 编号 | 名称 | 所在市（县） | 类型 | 级别 | 总面积/$hm^2$ |
|---|---|---|---|---|---|
| 1 | 黑龙江八岔岛国家级自然保护区 | 佳木斯市 | 自然保护区 | 国家级 | 17 424.44 |
| 2 | 黑龙江达勒国家森林公园 | 佳木斯市 | 森林公园 | 国家级 | 6 543.25 |
| 3 | 黑龙江大亮子河国家森林公园 | 佳木斯市 | 森林公园 | 国家级 | 8 890.78 |
| 4 | 黑龙江嘟噜河省级自然保护区 | 佳木斯市 | 自然保护区 | 省级 | 13 124.86 |
| 5 | 黑龙江富锦国家湿地公园 | 佳木斯市 | 湿地公园 | 国家级 | 1 102.67 |
| 6 | 黑龙江黑瞎子岛国家级自然保护区 | 佳木斯市 | 自然保护区 | 国家级 | 12 417.09 |
| 7 | 黑龙江黑瞎子岛国家湿地公园 | 佳木斯市 | 湿地公园 | 国家级 | 4 746.74 |
| 8 | 黑龙江洪河国家级自然保护区* | 佳木斯市 | 自然保护区 | 国家级 | 23 324.25 |
| 9 | 黑龙江华夏东极国家森林公园 | 佳木斯市 | 森林公园 | 国家级 | 3 469.73 |
| 10 | 黑龙江桦川国家森林公园 | 佳木斯市 | 森林公园 | 国家级 | 4 632.49 |
| 11 | 黑龙江佳木斯富锦沿江省级自然保护区 | 佳木斯市 | 自然保护区 | 省级 | 23 426.97 |
| 12 | 黑龙江佳木斯富锦择林省级自然保护区 | 佳木斯市 | 自然保护区 | 省级 | 2 629.70 |
| 13 | 黑龙江佳木斯共和水库省级湿地公园 | 佳木斯市 | 湿地公园 | 省级 | 428.82 |
| 14 | 黑龙江佳木斯荷兰邨省级森林公园 | 佳木斯市 | 森林公园 | 省级 | 3 257.49 |
| 15 | 黑龙江佳木斯黑鱼泡省级自然保护区 | 佳木斯市 | 自然保护区 | 省级 | 16 967.56 |
| 16 | 黑龙江佳木斯红旗省级森林公园 | 佳木斯市 | 森林公园 | 省级 | 2 549.28 |
| 17 | 黑龙江佳木斯桦川省级自然保护区 | 佳木斯市 | 自然保护区 | 省级 | 18 951.86 |
| 18 | 黑龙江佳木斯七星湖省级森林公园* | 佳木斯市 | 森林公园 | 省级 | 4 264.61 |
| 19 | 黑龙江佳木斯勤得利鲟鳇鱼省级自然保护区 | 佳木斯市 | 自然保护区 | 省级 | 39 795.28 |
| 20 | 黑龙江佳木斯沿江省级自然保护区 | 佳木斯市 | 自然保护区 | 省级 | 9 471.08 |
| 21 | 黑龙江街津山国家森林公园 | 佳木斯市 | 森林公园 | 国家级 | 11 794.82 |
| 22 | 黑龙江挠力河国家级自然保护区 | 佳木斯市 | 自然保护区 | 国家级 | 102 082.44 |
| 23 | 黑龙江七星砬子东北虎国家级自然保护区 | 佳木斯市 | 自然保护区 | 国家级 | 55 760.68 |
| 24 | 黑龙江三环泡国家级自然保护区 | 佳木斯市 | 自然保护区 | 国家级 | 22 820.26 |
| 25 | 黑龙江三江国家级自然保护区* | 佳木斯市 | 自然保护区 | 国家级 | 76 381.64 |
| 26 | 黑龙江三江口国家湿地公园 | 佳木斯市 | 湿地公园 | 国家级 | 1 158.61 |
| 27 | 黑龙江苏木河省级自然保护区 | 佳木斯市 | 自然保护区 | 省级 | 2 807.86 |
| 28 | 黑龙江五顶山国家森林公园 | 佳木斯市 | 森林公园 | 国家级 | 1 414.19 |

| 编号 | 名称 | 所在市（县） | 类型 | 级别 | 总面积/hm$^2$ |
|---|---|---|---|---|---|
| 29 | 黑龙江嘟噜河省级自然保护区 | 鹤岗市 | 自然保护区 | 省级 | 13 124.86 |
| 30 | 黑龙江鹤岗国家森林公园 | 鹤岗市 | 森林公园 | 国家级 | 5 478.35 |
| 31 | 黑龙江鹤岗将军石山省级湿地公园 | 鹤岗市 | 湿地公园 | 省级 | 1 003.33 |
| 32 | 黑龙江鹤岗金顶山省级地质公园 | 鹤岗市 | 地质公园 | 省级 | 4 837.64 |
| 33 | 黑龙江鹤岗萝北鲟鳇鱼省级自然保护区 | 鹤岗市 | 自然保护区 | 省级 | 4 004.01 |
| 34 | 黑龙江鹤岗清源湖省级湿地公园 | 鹤岗市 | 湿地公园 | 省级 | 860.78 |
| 35 | 黑龙江鹤岗水莲省级自然保护区 | 鹤岗市 | 自然保护区 | 省级 | 7 081.87 |
| 36 | 黑龙江红松林国家森林公园 | 鹤岗市 | 森林公园 | 国家级 | 18 341.19 |
| 37 | 黑龙江龙江三峡国家森林公园 | 鹤岗市 | 森林公园 | 国家级 | 11 671.45 |
| 38 | 黑龙江十里河国家湿地公园 | 鹤岗市 | 湿地公园 | 国家级 | 877.08 |
| 39 | 黑龙江绥滨两江省级自然保护区 | 鹤岗市 | 自然保护区 | 省级 | 53 157.37 |
| 40 | 黑龙江太平沟国家级自然保护区 | 鹤岗市 | 自然保护区 | 国家级 | 23 847.59 |
| 41 | 黑龙江细鳞河国家级自然保护区 | 鹤岗市 | 自然保护区 | 国家级 | 21 515.55 |
| 42 | 黑龙江月牙湖国家湿地公园 | 鹤岗市 | 湿地公园 | 国家级 | 549.32 |
| 43 | 黑龙江东北黑蜂国家级自然保护区 | 双鸭山市 | 自然保护区 | 国家级 | 273 861.79 |
| 44 | 黑龙江东方红国家级自然保护区 | 双鸭山市 | 自然保护区 | 国家级 | 72 755.71 |
| 45 | 黑龙江挠力河国家级自然保护区 | 双鸭山市 | 自然保护区 | 国家级 | 102 082.44 |
| 46 | 黑龙江七星河国家级自然保护区 | 双鸭山市 | 自然保护区 | 国家级 | 16 946.87 |
| 47 | 黑龙江七星山国家森林公园 | 双鸭山市 | 森林公园 | 国家级 | 11 965.14 |
| 48 | 黑龙江青山国家森林公园 | 双鸭山市 | 森林公园 | 国家级 | 23 421.21 |
| 49 | 黑龙江双鸭山安邦河省级自然保护区 | 双鸭山市 | 自然保护区 | 省级 | 3 770.22 |
| 50 | 黑龙江双鸭山大佳河省级自然保护区 | 双鸭山市 | 自然保护区 | 省级 | 37 928.13 |
| 51 | 黑龙江双鸭山东升省级自然保护区 | 双鸭山市 | 自然保护区 | 省级 | 15 859.85 |
| 52 | 黑龙江双鸭山环城省级森林公园 | 双鸭山市 | 森林公园 | 省级 | 544.27 |
| 53 | 黑龙江双鸭山羊鼻山省级森林公园 | 双鸭山市 | 森林公园 | 省级 | 5 216.67 |
| 54 | 黑龙江完达山国家森林公园 | 双鸭山市 | 森林公园 | 国家级 | 32 846.51 |
| 55 | 黑龙江乌苏里江国家湿地公园 | 双鸭山市 | 湿地公园 | 国家级 | 1 574.18 |
| 56 | 黑龙江珍宝岛国家森林公园 | 双鸭山市 | 森林公园 | 国家级 | 11 831.43 |
| 57 | 黑龙江勃利乌斯浑河国家森林公园 | 七台河市 | 森林公园 | 国家级 | 9 780.42 |
| 58 | 黑龙江七台河那丹哈达岭省级地质公园 | 七台河市 | 地质公园 | 省级 | 2 017.44 |
| 59 | 黑龙江七台河倭肯河省级自然保护区 | 七台河市 | 自然保护区 | 省级 | 6 942.46 |

| 编号 | 名称 | 所在市（县） | 类型 | 级别 | 总面积/hm² |
|---|---|---|---|---|---|
| 60 | 黑龙江七台河西大圈省级自然保护区 | 七台河市 | 自然保护区 | 省级 | 8 738.31 |
| 61 | 黑龙江七星砬子东北虎国家级自然保护区 | 七台河市 | 自然保护区 | 国家级 | 55 760.68 |
| 62 | 黑龙江石龙山国家森林公园 | 七台河市 | 森林公园 | 国家级 | 6 055.18 |
| 63 | 黑龙江桃山湖国家湿地公园 | 七台河市 | 湿地公园 | 国家级 | 2 535.67 |
| 64 | 黑龙江碧水中华秋沙鸭国家级自然保护区 | 伊春市 | 自然保护区 | 国家级 | 2 518.08 |
| 65 | 黑龙江丰林国家级自然保护区 | 伊春市 | 自然保护区 | 国家级 | 26 108.79 |
| 66 | 黑龙江廻龙湾国家森林公园 | 伊春市 | 森林公园 | 国家级 | 12 627.05 |
| 67 | 黑龙江金山国家森林公园 | 伊春市 | 森林公园 | 国家级 | 15 956.33 |
| 68 | 黑龙江朗乡国家级自然保护区 | 伊春市 | 自然保护区 | 国家级 | 12 417.72 |
| 69 | 黑龙江凉水国家级自然保护区 | 伊春市 | 自然保护区 | 国家级 | 11 992.38 |
| 70 | 黑龙江汤旺河源头省级自然保护区 | 伊春市 | 自然保护区 | 省级 | 8 901.53 |
| 71 | 黑龙江桃山国家森林公园 | 伊春市 | 森林公园 | 国家级 | 113 302.55 |
| 72 | 黑龙江乌马河国家森林公园 | 伊春市 | 森林公园 | 国家级 | 12 138.45 |
| 73 | 黑龙江乌马河紫貂国家级自然保护区 | 伊春市 | 自然保护区 | 国家级 | 20 652.34 |
| 74 | 黑龙江乌伊岭国家级自然保护区 | 伊春市 | 自然保护区 | 国家级 | 50 565.73 |
| 75 | 黑龙江五营国家森林公园 | 伊春市 | 森林公园 | 国家级 | 17 244.08 |
| 76 | 黑龙江溪水国家森林公园 | 伊春市 | 森林公园 | 国家级 | 8 981.10 |
| 77 | 黑龙江仙翁山国家森林公园 | 伊春市 | 森林公园 | 国家级 | 9 478.60 |
| 78 | 黑龙江新青国家湿地公园 | 伊春市 | 湿地公园 | 国家级 | 4 973.39 |
| 79 | 黑龙江兴安国家森林公园 | 伊春市 | 森林公园 | 国家级 | 4 048.28 |
| 80 | 黑龙江伊春大青山省级森林公园 | 伊春市 | 森林公园 | 省级 | 6 505.81 |
| 81 | 黑龙江伊春河源头省级自然保护区 | 伊春市 | 自然保护区 | 省级 | 77 682.30 |
| 82 | 黑龙江伊春花岗岩石林国家地质公园 | 伊春市 | 地质公园 | 国家级 | 18 829.50 |
| 83 | 黑龙江伊春嘉荫连江省级自然保护区 | 伊春市 | 自然保护区 | 省级 | 7 625.29 |
| 84 | 黑龙江伊春奇秀峰省级森林公园 | 伊春市 | 森林公园 | 省级 | 1 110.15 |
| 85 | 黑龙江伊春汤南省级森林公园 | 伊春市 | 森林公园 | 省级 | 524.49 |
| 86 | 黑龙江伊春小兴安岭天然樟子松林省级自然保护区 | 伊春市 | 自然保护区 | 省级 | 16 682.45 |
| 87 | 黑龙江伊春新青省级森林公园 | 伊春市 | 森林公园 | 省级 | 1 620.84 |
| 88 | 黑龙江伊春友好省级森林公园 | 伊春市 | 森林公园 | 省级 | 2 104.14 |
| 89 | 黑龙江友好国家级自然保护区* | 伊春市 | 自然保护区 | 国家级 | 60 689.69 |

| 编号 | 名称 | 所在市（县） | 类型 | 级别 | 总面积/hm$^2$ |
|---|---|---|---|---|---|
| 90 | 伊春市五营风景名胜区 | 伊春市 | 风景名胜区 | 地市级 | 14 290.81 |
| 91 | 黑龙江丹清河国家森林公园 | 依兰县 | 森林公园 | 国家级 | 2 084.41 |
| 92 | 黑龙江方正龙山国家森林公园 | 依兰县 | 森林公园 | 国家级 | 63 880.07 |
| 93 | 黑龙江哈尔滨依兰安兴省级湿地公园 | 依兰县 | 湿地公园 | 省级 | 816.97 |
| 94 | 黑龙江哈尔滨依兰先锋省级自然保护区 | 依兰县 | 自然保护区 | 省级 | 8 413.70 |
| 95 | 黑龙江苏木河省级自然保护区 | 依兰县 | 自然保护区 | 省级 | 2 807.86 |
| 96 | 依兰丹清河风景名胜区 | 依兰县 | 风景名胜区 | 地市级 | 17 140.02 |

注：*表示国际重要湿地。

## 2.6 社会经济状况

### 2.6.1 人口状况变化

根据各地市统计年鉴，2018 年项目区户籍人口为 678.3 万人，其中城镇人口为 450.2 万人，农村人口为 228.1 万人，城镇化率达到 66.4%，人口主要集中在佳木斯市、双鸭山市、鹤岗市等城市辖区，到 2022 年，项目区常住人口为 582.7 万人，其中城镇人口为 429.0 万人，农村人口为 153.7 万人，城镇化率达到 73.6%，见表 2-3。

表 2-3 项目区 2018 年和 2022 年人口状况对比 单位：万人

| 市（县） | 户籍人口 | | 城镇人口 | | 农村人口 | |
|---|---|---|---|---|---|---|
| | 2018 年 | 2022 年 | 2018 年 | 2022 年 | 2018 年 | 2022 年 |
| 佳木斯 | 246.7 | 210.2 | 142.5 | 138.4 | 104.2 | 71.8 |
| 鹤岗 | 102.6 | 86.0 | 84.6 | 71.6 | 18.0 | 14.4 |
| 双鸭山 | 140.8 | 117.0 | 91.0 | 81.0 | 49.8 | 36.0 |
| 七台河 | 77.7 | 66.7 | 48.2 | 51.9 | 29.5 | 14.8 |
| 伊春市原市区 | 72.5 | 78.4 | 71.0 | 76.8 | 1.5 | 1.6 |
| 依兰县 | 38.0 | 24.4 | 12.9 | 9.3 | 25.1 | 15.1 |
| 总计 | 678.3 | 582.7 | 450.2 | 429.0 | 228.1 | 153.7 |

项目区地广人稀，人口分布空间差异较大，平均人口密度为 61 人/km$^2$，不足全国人口密度的 1/2。佳木斯市市辖区、双鸭山市市辖区等地级行政中心人口较为密集，尤其是佳木斯市市辖区，人口密度平均达到 421 人/km$^2$；而饶河县人口密度最低，平均人口密度仅 21 人/km$^2$。

项目区各市（县）2018 年和 2022 年城镇人口变化如图 2-5 所示，2022 年七台河市和伊春市原市区城镇人口分别较 2018 年增加 7.63%和 8.19%，而佳木斯、鹤岗、双鸭山、依兰县城镇人口数量均有减少，其中依兰县 2022 年城镇人口数量仅为 2018 年的 72.25%。

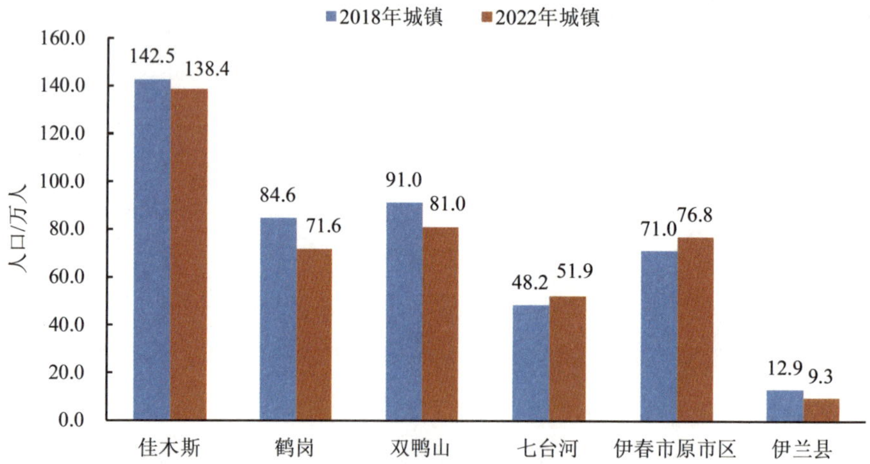


**图 2-5　项目区各市（县）2018 年和 2022 年城镇人口变化**

项目区各市（县）2018 年和 2022 年农村人口变化如图 2-6 所示，除伊春市原市区变化较小外，项目区其余市（县）2022 年农村人口数量均较 2018 年显著减少。其中，佳木斯农村人口减少 31.10%、鹤岗减少 20.13%、双鸭山减少 27.71%、七台河减少 49.81%、依兰县减少 39.88%。

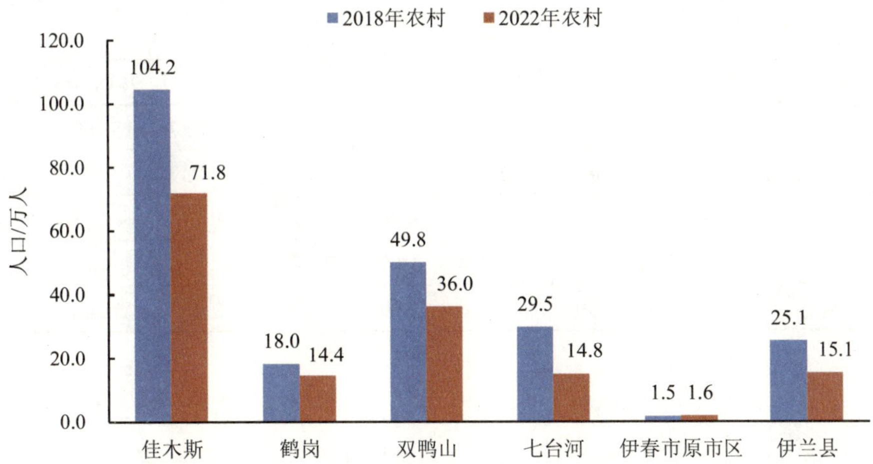


图 2-6　项目区各市（县）2018 年和 2022 年农村人口变化

## 2.6.2　经济状况变化

2018 年，黑龙江省地区生产总值为 16 361.6 亿元，项目区内地区生产总值为 2 106.3 亿元，占全省的 12.87%。项目区内人均生产总值为 31 256 元，较全省人均生产总值低 26 个百分点。2022 年，黑龙江省地区生产总值 15 901.0 亿元，项目区内地区生产总值为 2 450.7 亿元，占全省的 15.41%。项目区内人均生产总值为 42 697 元，较全省人均生产总值低 14 个百分点。项目区 2018 年和 2022 年经济状况如表 2-4 所示。2018 年项目区城镇人均可支配收入和农村人均可支配收入分别为 25 057 元和 15 246 元，2022 年项目区城镇人均可支配收入和农村人均可支配收入分别为 29 436 元和 19 254 元，分别增长了 4 379 元和 4 008 元。

表 2-4　项目区 2018 年和 2022 年经济状况对比

| 市（县） | 地区生产总值/亿元 | | 人均生产总值/元 | | 城镇人均可支配收入/元 | | 农村人均可支配收入/元 | |
|---|---|---|---|---|---|---|---|---|
| | 2018 年 | 2022 年 | 2018 年 | 2022 年 | 2018 年 | 2022 年 | 2018 年 | 2022 年 |
| 佳木斯 | 724.1 | 869.2 | 29 350 | 41 351 | 28 141 | 35 541 | 16 315 | 21 958 |
| 鹤岗 | 317.6 | 409.2 | 30 961 | 47 581 | 22 639 | 27 325 | 15 134 | 20 215 |

| 市（县） | 地区生产总值/亿元 | | 人均生产总值/元 | | 城镇人均可支配收入/元 | | 农村人均可支配收入/元 | |
|---|---|---|---|---|---|---|---|---|
| | 2018 年 | 2022 年 | 2018 年 | 2022 年 | 2018 年 | 2022 年 | 2018 年 | 2022 年 |
| 双鸭山 | 507.0 | 557.2 | 35 527 | 47 624 | 25 272 | 30 937 | 15 102 | 19 702 |
| 七台河 | 250.3 | 268.9 | 32 212 | 40 315 | 24 949 | 29 739 | 13 230 | 18 036 |
| 伊春市原市区 | 170.9 | 221.7 | 23 574 | 28 289 | 24 093 | 29 216 | 14 825 | 20 149 |
| 依兰县 | 136.4 | 124.5 | 35 914 | 51 025 | 25 247 | 23 856 | 16 871 | 15 463 |
| 项目区 | 2 106.3 | 2 450.7 | 31 256 | 42 697 | 25 057 | 29 436 | 15 246 | 19 254 |

项目区各市（县）2018 年和 2022 年地区生产总值变化如图 2-7 所示，除依兰县地区生产总值减少外，其余市（县）地区生产总值增长明显，其中伊春市市区地区生产总值增长 29.68%，鹤岗地区生产总值增长 28.84%，佳木斯地区生产总值增长 20.04%。

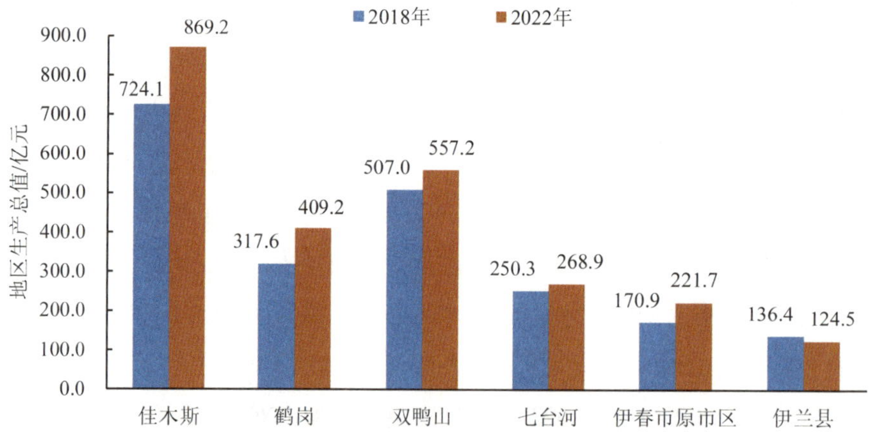


图 2-7 项目区各市（县）2018 年和 2022 年地区生产总值变化

项目区各市（县）2018 年和 2022 年人均生产总值变化如图 2-8 所示，佳木斯、鹤岗、双鸭山、依兰县人均生产总值增加值均在 1 万元以上，其中鹤岗人均生产总值增加 16 620 元、依兰县人均生产总值增加 15 111 元。七台河市和伊春市市区人均生产总值增长较少，分别为 8 103 元和 4 715 元。依兰县 2022 年人均生产总值达到 51 025 元。

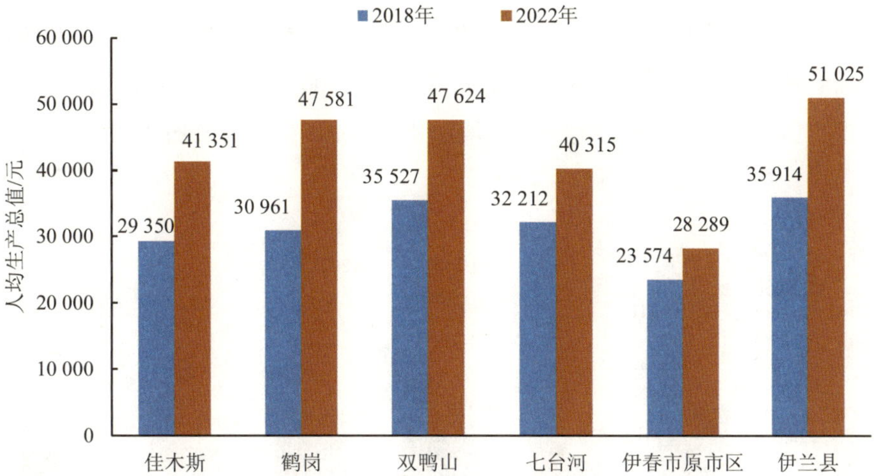


图 2-8 项目区各市（县）2018 年和 2022 年人均生产总值变化

2018 年，项目区内城镇常住居民人均可支配收入为 25 057 元，低于黑龙江省、吉林省、辽宁省及全国的平均水平。农村常住居民人均可支配收入平均为 15 246 元；除七台河市外，其他区域农村常住居民人均可支配收入均高于黑龙江省、吉林省、辽宁省及全国的平均水平。2022 年，项目区内城镇常住居民人均可支配收入为 29 436 元，低于黑龙江省、吉林省、辽宁省及全国的平均水平。农村常住居民人均可支配收入平均为 19 254 元，高于黑龙江省、吉林省的平均水平，但低于辽宁省及全国的平均水平。项目区与其他省区人均可支配收入对比见表 2-5。

表 2-5 项目区与其他省区人均可支配收入对比 单位：元

| 区域 | 农村人均可支配收入 | | 城镇人均可支配收入 | |
|---|---|---|---|---|
| | 2018 年 | 2022 年 | 2018 年 | 2022 年 |
| 项目区 | 15 246 | 19 254 | 25 057 | 29 436 |
| 黑龙江省 | 12 665 | 18 577 | 27 446 | 35 042 |
| 吉林省 | 12 950 | 18 134 | 28 319 | 35 471 |
| 辽宁省 | 13 747 | 19 908 | 34 993 | 44 003 |
| 全国 | 13 432 | 20 133 | 36 396 | 49 283 |

项目区各市（县）2018 年和 2022 年城镇人均可支配收入变化如图 2-9 所示，除依兰县城镇人均可支配收入减少 1 391 元外，其余市（县）城镇人均可支配收入均增长明显，佳木斯市城镇可支配收入增加 7 400 元、双鸭山市增加 5 665 元、伊春市市区增加 5 123 元、七台河市增加 4 790 元、鹤岗市增加 4 686 元。

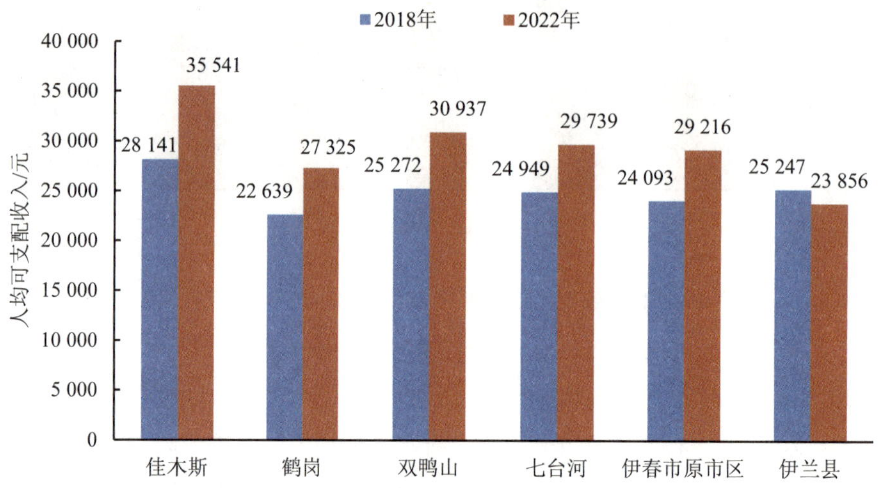


图 2-9 项目区各市（县）2018 年和 2022 年城镇人均可支配收入变化

项目区各市（县）2018 年和 2022 年农村人均可支配收入变化如图 2-10 所示，只有依兰县农村人均可支配收入减少 1 408 元，其余市（县）农村人均可支配收入均显著增长，增长幅度在 30%以上。其中佳木斯市农村人均可支配收入增加 5 643 元、伊春市市区增加 5 324 元、鹤岗市增加 5 081 元、七台河市增加 4 806 元、双鸭山市增加 4 600 元。

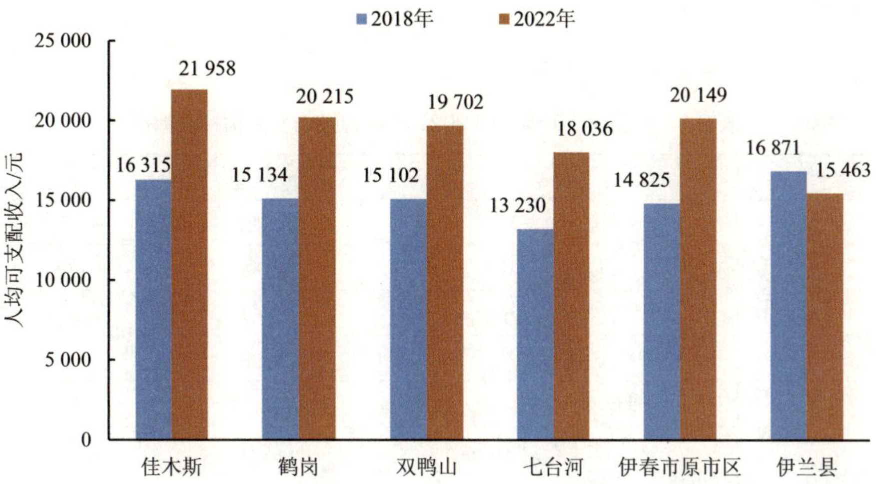


图 2-10 项目区各市（县）2018 年和 2022 年农村人均可支配收入变化

### 2.6.3 社会经济发展调查小结

与 2018 年比较，2022 年项目区城镇化率提高，地区生产总值大幅增长，人均生产总值增长速率快，虽出现人口流失现象，但总体来看，通过各类项目的实施，带动了项目区农林牧渔业、生态旅游产业等行业的转型与发展，对促进当地经济发展、带动当地人民就业起到了积极作用，区域城镇化进程稳步推进，经济社会发展具有明显进步，人民生活水平和质量稳步提高。人口密度的下降减少了人为因素对区域生态的影响，农民直接参与造林绿化等生态修复工程项目，一方面获得劳务性收入，另一方面通过实施生态修复项目提高了项目区水源涵养能力，减少了污染物排放，提高了环境质量，增强了区域的生态屏障功能，人民获得感、幸福感、安全感持续增强。项目区城镇化率从 2018 年的 66.36%提高到 2022 年的 73.63%，提高了 7.27 百分点，高于黑龙江省、全国城镇化率增速；2022 年项目区地区生产总值为 2 450.7 亿元，较 2018 年增加 344.4 亿元，增幅为 16.35%；2022 年项目区人均生产总值为 42 697 元，低于全省人均生产总值 14 个百分点，相较 2018 年减少了 12 个百分点的差距，差距明显缩小；城镇人均可支配收入增长率为 17.48%，农村人均可支配收入增加了 4 008 元，增长率为 26.29%，高于黑龙江省、吉林省的平均水平。项目区 2018 年和 2022 年社会经济发展指标及数据见表 2-6。

表 2-6 项目区 2018 年和 2022 年社会经济发展指标及数据

| 类型 | 指标 | 2018 年 | 2022 年 |
| --- | --- | --- | --- |
| 人口 | 户籍人口/万人 | 678.3 | 582.7 |
|  | 城镇人口/万人 | 450.1 | 429.0 |
|  | 农村人口/万人 | 228.1 | 153.7 |
|  | 城镇化率/% | 66.36 | 73.63 |
| 经济 | 地区生产总值/亿元 | 2 106.3 | 2 450.7 |
|  | 人均生产总值/元 | 31 256 | 42 697 |
|  | 城镇人均可支配收入/元 | 25 057 | 29 436 |
|  | 农村人均可支配收入/元 | 15 246 | 19 254 |

# 第 3 章

## 绩效目标评价

小兴安岭-三江平原区域顺利通过 2018 年第三批山水林田湖草生态保护修复工程项目区的选拔，以全面提升区域生态安全屏障功能为目标，以改善区域生态环境质量为核心，构建两山（小兴安岭和完达山）、三带（黑龙江、松花江和乌苏里江）和多点（国家级自然保护区、国家森林公园）的生态安全格局，系统解决区域森林、湿地等资源质量下降、生物多样性降低、矿山生态破坏、河流功能受损等主要生态环境问题。试点工程包括 65 个项目，投入总资金为 88.57 亿元，其中工程类项目 63 个，投资 87.82 亿元；非工程项目 2 个，投资 0.75 亿元。通过实施区域森林生态系统修复、矿山环境治理、生物多样性保护、水环境综合整治、土地综合整治等工程，对山水林田湖草进行整体保护、系统修复、综合治理，将逐步恢复和增强小兴安岭腹地水源涵养和生物多样性保护功能，筑牢我国东北乃至东北亚地区的生态安全屏障。

对照《实施方案》的总体目标，系统梳理和总结《实施方案》目标任务的完成情况，资金使用及项目建设情况。

## 3.1 试点工程概况

### 3.1.1 试点生态功能分区

小兴安岭-三江平原作为“东北森林带”的中心区域，是国家生态安全战略格局一个非常重要的部分，也是我国重点森林生态功能区和湿地生态功能区，主要任务是重点保护好森林资源和生物多样性，发挥东北平原生态安全屏障的作用。按照优化生态空间管控与分区分类精准修复相结合的思路，结合区域内湖泊、山脉、河流等重要自然地理界线，试点区构建两山（小兴安岭和完达山）、三带（黑龙江、松花江和乌苏里江）和多点（国家级自然保护区、国家森林公园）的生态安全格局，形成“两屏一带一区”的总体布局，“两屏”分别为小兴安岭生态安全屏障和完达山生态安全屏障，“一带”为松花江水土污染防控带，“一区”为三江平原湿地生物多样性保护区。小兴安岭-三江平原生态环境保护分区见图 3-1。

图 3-1 小兴安岭-三江平原生态环境保护分区

（1）“两屏”——小兴安岭生态安全屏障

小兴安岭生态安全屏障分区位于黑龙江省中北部，属低山丘陵，行政区涉及伊春市、鹤岗市、佳木斯市的汤原县等区域，面积为 29 228.42 km$^2$。该区自然资源丰富、植被群落类型复杂多样，分布有大片较原始的红松针阔叶混交林，是我国目前保存下来的最为典型和完整的原生红松阔叶混交林分布区之一，也是中国和亚洲东北部很具代表性的温带原始红松针阔叶混交林区。该区是黑龙江和松花江众多支流的发源地，也是重要水源涵养区，对松嫩平原和华北平原都具有重要的生态安全屏障作用。

试点需解决的生态问题：小兴安岭分区内局部森林质量不高，水源涵养功能受损。森林质量不高，中幼龄林比重过高，单位面积蓄积量低。林分树种结构变化较大，以红松为主的针阔混交林大幅减少，以杨、桦、柞为主的次生阔叶林及以落叶松为代表的人工林大量增加。同时，受经济利益驱使，农林交错地段经常发生毁林开垦、蚕食林地等破坏森林资源影响生态环境问题。局部地区水土流失严重，部分河段水质呈下降趋势。区域森林大面积砍伐，草地面积减小、湿地面积急剧萎缩，导致植被蓄水、保水功能降低、土壤侵蚀，水土流失严重。仅伊春市水土流失面积就有 2 199.55 km$^2$，占行政区域总面积的 6.7%。加之汤旺河沿岸、黑龙江沿岸部分区没有建污水处理厂或污水处理厂运行不正常，导致城镇生活污水没经处理直接或间接排入河流，导致水质恶化。

（2）“两屏”——完达山生态安全屏障

完达山生态安全屏障分区位于黑龙江省中部，涉及七台河市、勃利县、桦南县、依兰县等市（县），面积为 24 421.20 km$^2$。该区域地形复杂多样，动植物资源丰富，建有七星砬子东北虎国家级自然保护区，国家一级保护动物有东北虎、东北豹、紫貂。同时，还建有西大圈、倭肯河、安兴湿地等多个省级自然保护区。该区域也是倭肯河、挠力河、安邦河、穆棱河等众多河流的发源地，还是穆棱兴凯平原的生态安全屏障。

试点需解决的生态问题：植被破坏严重，水源涵养功能受损。草地面积减小、湿地面积急剧萎缩，导致植被蓄水、保水功能降低、土壤侵蚀，水土流失严重，倭肯河流域水土流失面积 909.04 km$^2$，占流域土地面积的 27.75%。侵蚀沟道数量为 2 797 条，总长度 1 247 km。废弃采石场、矿山较多，地质灾害多发。倭肯河上游七台河市矿山地质环境问题多且严重，可视范围内 64 处无主尾矿，因煤炭开采造成地面塌陷、地裂缝等矿山地质环境问题。下游依兰县主要开采矿种为石灰岩，废弃矿山约有 63 处，破坏面积达 9～10 hm$^2$，容易诱发崩塌及滑坡地质灾害。流域污染负荷大，水质提升难度大。2017 年倭肯河干流以Ⅳ类为主，万宝河、七虎力河、八虎力河等支流为Ⅴ类和劣Ⅴ类。水体纳污负荷逐年增加，主要表现在生活生产污水的直接排放和农田退水、畜禽养殖等农业面源污染，高强度的污染负荷对松花江水质影响较大。

（3）“一带”——松花江水土污染防控带

松花江水土污染防控带分区位于松花江下游，涉及佳木斯市区、双鸭山市、汤原县、桦川县和绥滨县等区域，面积为 19 307.81 km$^2$。该区域地势平坦，杂草丛生，河道和滩地比较开阔，水道歧流纵横，是我国重要的商品粮生产基地和绿色食品生产基地。同时，该区内广泛分布的湖泊湿地对松花江的径流和洪水发挥着重要调蓄作用，是松花江入黑龙江的最后一道防线。

试点需解决的生态问题：局部水体功能下降。松花江干流河流水质相对较好，但流域部分支流存在水质不达标情况，主要分布在安邦河、鹤立河城区段、音达木河等松花江支流，主要污染指标为总磷、高锰酸盐指数等。区域饮用水安全得不到保障。佳木斯市江北水源地为地下水型水源地，水质常年不达标，铁的超标倍数为 18.13～54.00 倍、锰的超标倍数为 7.86～13.10 倍。黑土地流失加重，农业生产基础受到威胁。流域土壤疏松，抗蚀能力弱，虽有一定的森林基础，但林地植被破坏严重，对丘陵和波状台地的农业垦殖强度过大，造成水土流失较为严重。从整个区域来看，水力侵蚀面积为 5 359.85 $hm^2$，占区域土地面积的 27.76%。坡耕地和侵蚀沟道的水土流失，已导致耕地被切割，林地被破坏，直接影响黑土地的保护和农业生产的可持续发展。

（4）“一区”——三江平原湿地生物多样性保护区

三江平原湿地生物多样性保护区位于黑龙江东部，行政区涉及同江市、抚远市、饶河县、宝清县、富锦市、友谊县等，总面积为 26 672.30 $km^2$。该区域是黑龙江省湿地面积最大、最集中的分布区，是我国湿地及其生物多样性最为丰富的关键地区之一，也是许多珍稀濒危动物，尤其是水禽的重要栖息地和繁殖地。同时，该区域所处黑龙江和乌苏里江的交汇处，水土流失较为严重，危及领土完整。

试点需解决的生态问题：湿地锐减，珍稀动植物栖息地受到破坏。由于三江平原的不合理开发，导致湿地面积大量减少，森林植被严重破坏，生态失衡，降水量减少，地下水位下降，蒸发量加大，沼泽普遍缺水，动植物种类和数量锐减。20 世纪 70 年代，该区丹顶鹤繁殖数量为 2 000 多只，80 年代丹顶鹤繁殖数量为 300 余只，2017 年在三江平原的繁殖数量已经不足 100 只。鱼类资源衰退严重，尤其是名、贵、特有鱼类的群体结构发生变化，呈低龄化、小型化和低值化。水资源短缺，湿地生态功能退化。挠力河两岸大面积湿地被开垦成农田，导致挠力河涵养水分补给水量的功能完全丧失，加之上游建造 3 座大型水库，截断了入河水源，挠力河已成无源之河，河面在逐年萎缩，水量逐年减少，干旱年景出现干涸断流河段。地下水超采严重，生态水量严重不足，对水生生物栖息地造成较大影响。

### 3.1.2 试点工程布局

工程试点坚持以“山水林田湖草是一个生命共同体”为指引，以恢复和提升小兴安岭-三江平原生态安全屏障功能、提供更多生态产品为核心目标，实施森林保护修复、矿山环境治理恢复、土地综合整治修复、生物多样性保护、水环境保护治理以及监管能力提升六大类工程 63 个子项目。工程具体实施位置如图 3-2 所示。

图 3-2 工程具体实施位置

小兴安岭生态安全屏障分区实施有 6 项森林保护修复类、8 项土地综合整治类和 5 项矿山修复类工程等；完达山生态安全屏障分区实施有 2 项森林保护类工程、4 项土地整治类工程、8 项矿山修复类和 6 项水环境保护类工程等；松花江水土污染防控带实施有 4 项土地整治类工程、3 项生物多样性保护工程和 8 项水环境保护类工程等；三江平原湿地生物多样性保护区实施有 4 项生物多样性保护工程和 5 项水环境保护类项目等。

### 3.1.3 试点建设周期

试点计划在 2018—2021 年 3 年内完成 65 个项目的建设。工程试点严格按照总体目标和年度计划组织实施，各子项目按方案时间安排开展工程建设，但是由于新冠疫情和地区气候冬季寒冷、有效施工期短等因素影响，工程进度没有达到预期，2021 年 12 月省自然资源厅、省生态环境厅、省财政厅经沟通延长工程试点实施期限至 2023 年年底，省政府同意项目建设时间延长两年。截至 2023 年年底，65 个子项目全部完成主体工程建设。

## 3.2 工程建设任务完成统计

《实施方案》提出了森林保护修复、矿山环境治理恢复、土地整治与修复、生物多样性保护、水环境保护治理、监测监管能力提升 6 类重点任务，共建设 65 项重点工程。截至 2023 年 12 月，由市（县）政府组织实施的 63 个子项目均已完成市域验收，由省直有关部门承担的 2 个监管能力提升子项目均已完成专家评审验收。项目实施进展情况见表 3-1。

表 3-1 项目实施进展情况

| 工程类别 | 项目数量 | 完工情况 | | 完成生态效益 | | 超额完成生态效益 |
|---|---|---|---|---|---|---|
| | | 个数 | 比例/% | 个数 | 比例/% | |
| 森林保护修复类 | 8 | 8 | 100 | 5 | 62.5 | 3 |
| 矿山环境治理恢复类 | 13 | 13 | 100 | 13 | 100 | 2 |
| 土地整治与修复类 | 14 | 14 | 100 | 14 | 100 | 3 |
| 生物多样性保护类 | 9 | 9 | 100 | 9 | 100 | 3 |
| 水环境保护治理类 | 19 | 19 | 95 | 13 | 68.4 | 10 |
| 监测监管能力提升类 | 2 | 2 | 50 | — | — | — |
| 总计 | 65 | 65 | 100 | 54 | 85.7 | 21 |

### 3.2.1 森林保护修复类

《实施方案》提出森林保护修复类工程共计 8 项，包括小兴安岭腹地南北山林缘交错带生态修复工程、小兴安岭腹地南山植被恢复与保护工程、小兴安岭腹地北山植被恢复与保护工程、伊春市原伊翠铁路生态修复工程、勃利县吉兴河流域生态修复工程、鹤岗市水源涵养林森林质量提升工程、鹤岗市五号水库饮用水水源地一级保护区防护工程、倭肯河下游（依兰段）生态环境修复工程，8 项工程已完工并竣工验收。森林保护修复类工程位置见图 3-3。

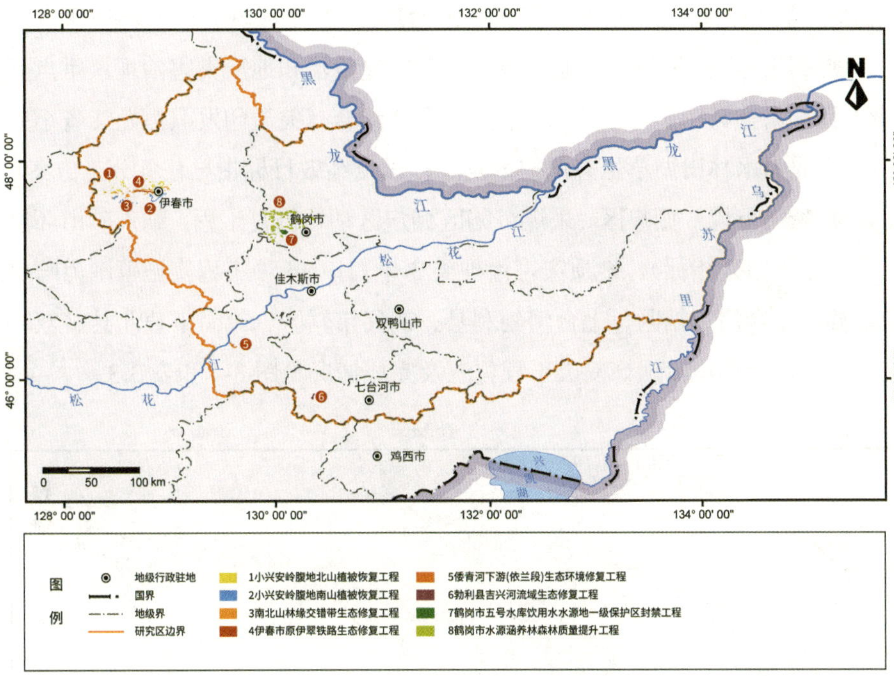


图 3-3 森林保护修复类工程位置

目前已完成新增林草保护修复面积 9 415.55 hm$^2$，已超过《实施方案》提出的新增林草保护修复面积 8 000 hm$^2$ 的生态效益预期目标值。其中，伊春市原伊翠铁路生态修复工程超额完成了生态效益预期目标；鹤岗市水源涵养林森林质量提升工程、鹤岗市五号水库饮用水水源地一级保护区防护工程、倭肯河下游（依兰段）生态环境修复工程 3 个项目完成生态效益预期目标；勃利县吉兴河流域生态修复工程复核湿地面积 17.54 hm$^2$，未完成湿地修复 50 hm$^2$ 的生态效益预期目标；小兴安岭腹地南北山林缘交错带生态修复工程、小兴安岭腹地南山植被恢复与保护工程、小兴安岭腹地北山植被恢复与保护工程 3 个子项目中 386.8 hm$^2$ 林草保护修复地块无法落实“进出平衡”政策，完成核减后生态效益目标。森林保护恢复类工程完成情况见表 3-2。

### 3.2.2 矿山环境治理恢复类

根据项目区内历史遗留矿山分布和突出环境问题，确定鹤岗废弃矿山治理区、七台河废弃矿山治理区和双鸭山废弃矿山治理区 3 个区域为矿山环境重点治理区，开展占用压覆土地治理、地形地貌景观恢复整治和地质灾害治理。重点开展 14 个工程项目，其中废弃矿山修复类 11 个（结合《关于印发〈黑龙江省小兴安岭-三江平原山水林田湖草生态保护修复工程试点绩效目标指导任务分工方案〉的通知》，将鹤岗市煤矿棚户区、采煤沉陷区棚户区动迁修复工程，纳入矿山环境类项目统计生态绩效指标），地质灾害治理类 3 个。该 14 项工程实施范围为哈尔滨市依兰县、七台河市辖区、七台河勃利县、鹤岗市辖区、鹤岗市萝北县、双鸭山市宝山区。矿山环境治理恢复类工程位置及完成情况见图 3-4 和表 3-3。

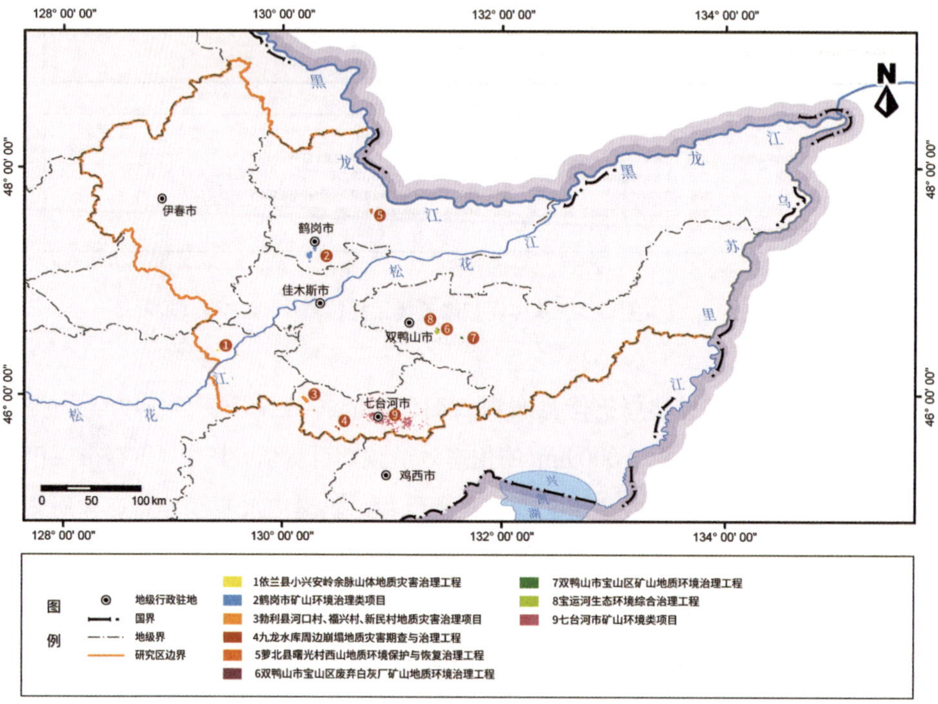


图 3-4　矿山环境治理恢复类工程位置

### 3.2.3　土地整治与修复类

《实施方案》提出土地整治与修复类工程共计 14 项，包括桦南县废弃垃圾场存量垃圾处理工程、鹤岗市存量垃圾治理工程、松花江富锦段沿岸退化耕地修复治理工程、富锦市东西山水土流失治理工程、富锦市挠力河流域富锦片区水土流失治理工程、萝北县渔米河林场小流域西沟植被恢复工程、萝北县渔米河林场小流域北沟植被恢复工程、萝北县渔米河林场小流域大脑山植被恢复工程、萝北县二十里河林场小流域南山植被恢复工程、萝北县二十里河林场小流域老二队植被恢复工程、桦南县水源地保护修复工程、三江平原土地整治高标准农田项目、依兰县城东存量垃圾治理工程等。14 项工程全部完工并竣工验收。其中，鹤岗市存量垃圾治理工程、桦南县水源地保护修复工程 2 个项目超额完成生态效益预期目标；桦南县废弃垃圾场存量垃圾处理工程等 12 项工程完成生态效益预期目标。土地整治与修复类工程位置及完成情况见图 3-5 和表 3-4。

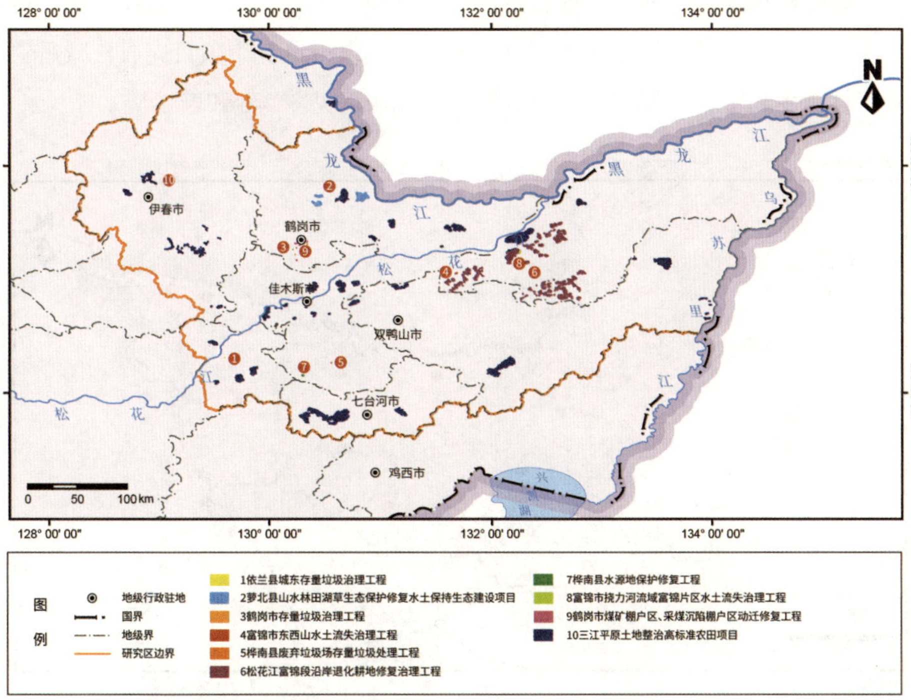


图 3-5 土地整治与修复类工程位置

### 3.2.4 生物多样性保护类

《实施方案》提出生物多样性保护类工程共计 9 项，包括黑龙江沿岸抚远段生态修复工程、三江平原湿地保护与恢复工程、黑瞎子岛国家级自然保护区自然湿地生态保护项目、黑龙江抚远段鲟鳇鱼种质资源保存工程、勃利县碾子河南段综合治理工程、富锦市林木种质库资源保护工程、小兴安岭伊春河秋沙鸭栖息地修复治理工程、黑龙江绥滨两江湿地保护与恢复项目湿地能力建设、宝清县挠力河流域生态环境综合整治修复工程等。截至目前，9 个项目已完成验收。

小兴安岭伊春河秋沙鸭栖息地修复治理工程、勃利县碾子河南段综合治理工程、三江平原湿地保护与恢复工程 3 个项目超额完成生态效益预期目标；黑龙江沿岸抚远段生态修复工程、富锦市林木种质库资源保护工程、黑龙江抚远段鲟鳇鱼种质资源保存工程 3 个项目、宝清县挠力河流域生态环境综合整治修复工程项目、黑瞎子岛国家级自然保护区自然湿地生态保护项目完成生态效益预期目标；黑龙江绥滨两江湿地保护与恢复项目湿地能力建设项目 3 个项目完成核减后生态效益目标。生物多样性保护类工程位置及完成情况见图 3-6 和表 3-5。

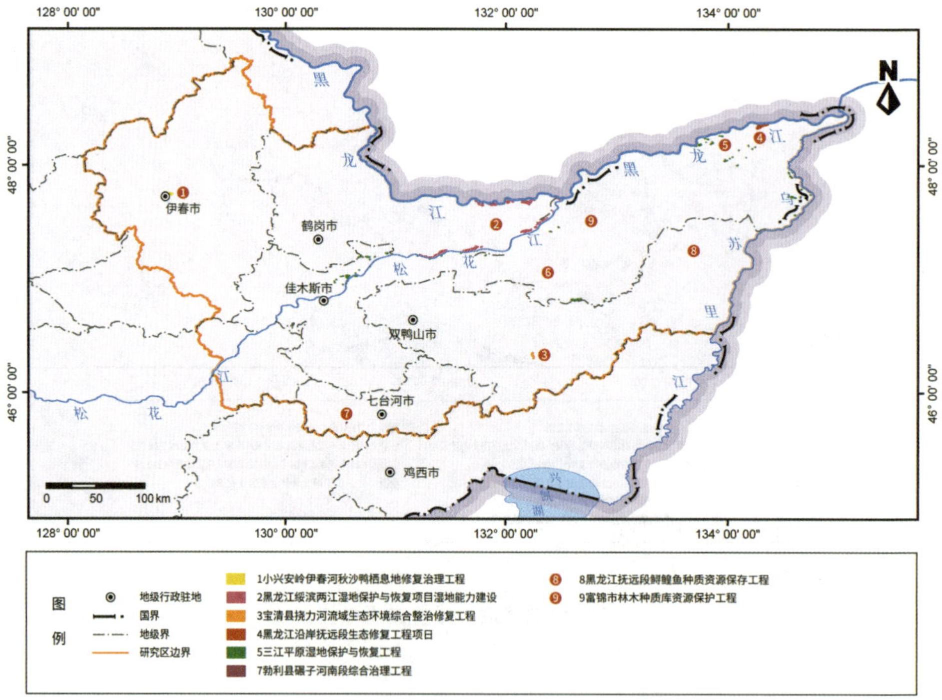


图 3-6 生物多样性保护类工程位置

### 3.2.5 水环境保护治理类

《实施方案》提出水环境保护治理工程共计 19 项。伊春河（含老河道）水环境综合治理工程、同江市三江口饮用水水源地污染防治工程、勃利县碾子河北段生态修复工程、宝清县宝石河城区段生态环境综合治理工程、双鸭山市生活垃圾焚烧发电厂工程、佳木斯市内河区域环境治理工程、黑龙江（抚远段）支流伟华滨河生态环境综合整治工程、双鸭山经济技术开发区污水处理厂及中水回用工程、松花江下游佳木斯饮用水水源地水质安全防护工程、双鸭山安邦河流域水环境综合整治工程、宝清县挠力河流域生态环境综合整治修复工程（头道岗灌区拦河坝-宝石河入河口段）及安邦河集贤段流域河道整治湿地恢复修复工程、依兰县污水处理厂二期扩建工程、宝清县宝清镇饮用水水源地一级保护区整改工程、双鸭山市马蹄河水体水质提升工程 15 个主要工程项目已完成验收。

哈尔滨化工产业园污水处理工程、鹤岗“两河十四沟”清水秀岸综治一期工程、七台河市倭肯河流域城区下游段生态保护与修复工程、七台河市山水林田湖草倭肯河流域城区段生态保护与修复工程 4 个项目已完工，正在推进验收工作或进行验收复核工作。

伊春河（含老河道）水环境综合治理工程、勃利县碾子河北段生态修复工程、鹤岗“两河十四沟”清水秀岸综治一期工程、宝清县宝石河城区段生态环境综合治理工程、宝清县挠力河流域生态环境综合整治修复工程（头道岗灌区拦河坝-宝石河入河口段）、安邦河集贤段流域河道整治湿地恢复修复工程、双鸭山市生活垃圾焚烧发电厂工程、七台河市草倭肯河流域城区段生态保护与修复工程、松花江下游佳木斯饮用水水源地水质安全防护工程、黑龙江（抚远段）支流伟华滨河生态环境综合整治工程 10 个项目超额完成生态效益预期目标，同江市三江口饮用水水源地污染防治工程、佳木斯市内河区域环境治理工程 3 个项目完成生态效益预期目标。

七台河市山水林田湖草倭肯河流域城区下游段生态保护与修复工程恢复林地 63.93 hm$^2$，受桃山湖扩容、提升水位影响，部分实施地块处于淹没区，无法继续实施，完成核减后绩效目标。依兰县污水处理厂二期扩建工程、宝清县宝清镇饮用水水源地一级保护区整改工程、双鸭山市马蹄河水体水质提升工程实际完成效益目标与原设定目标有差距。哈尔滨化工产业园污水处理工程、双鸭山经济技术开发区污水处理厂及中水回用工程待投产运行后产生生态效益。水环境保护治理类工程位置及完成情况见图 3-7 和表 3-6。

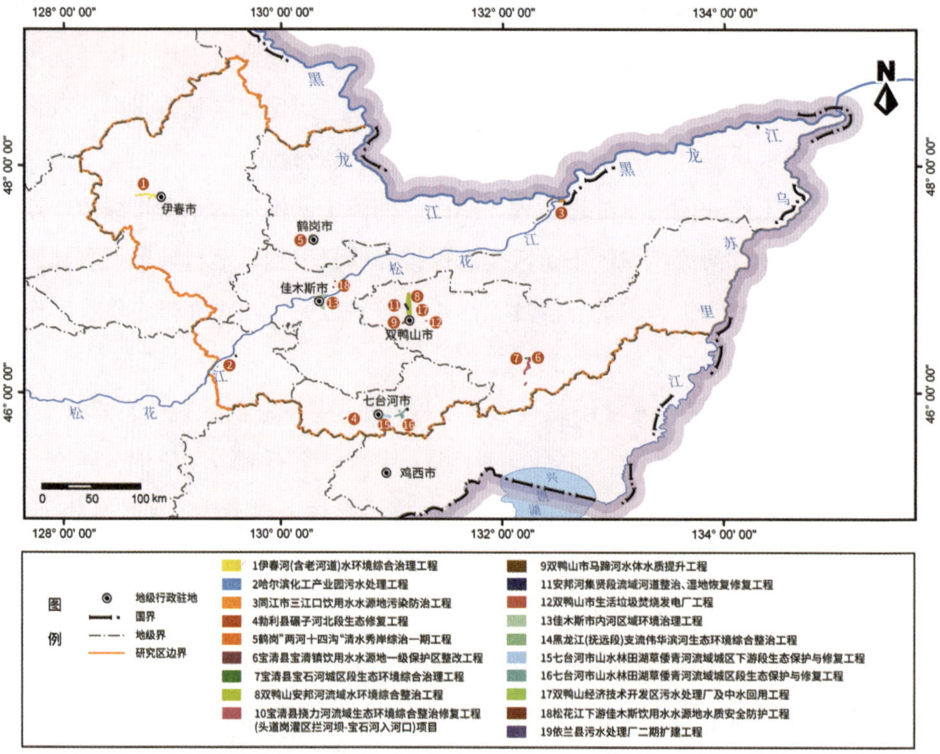


图 3-7 水环境保护治理类工程位置

表 3-2 森林保护恢复类工程完成情况

| 序号 | 项目名称 | 实施情况 | 预期效益目标 | 实际完成情况 | 效益目标完成情况 | 治理前照片 | 治理后照片 |
|---|---|---|---|---|---|---|---|
| 1 | 小兴安岭腹地南山植被恢复与保护工程 | 通过竣工验收 | 新增保护与修复林草地 147.65 $hm^2$ | 新增保护与修复林草地 153.84 $hm^2$，矿山修复 6.33 $hm^2$，湿地修复 45.9 $hm^2$ | 3 个子项目中 386.8 $hm^2$ 林草保护修复地块无法落实“进出平衡”政策。预期绩效核减 386.8 $hm^2$ 后，数据对比为完成 |  |  |
| 2 | 小兴安岭腹地北山植被恢复与保护工程 | 通过竣工验收 | 新增保护与修复林草地 468.41 $hm^2$ | 新增保护与修复林草地 234.56 $hm^2$，湿地修复 79.28 $hm^2$ | |  |  |
| 3 | 小兴安岭腹地南北山林缘交错带生态修复工程 | 通过竣工验收 | 新增保护与修复林草地 346.05 $hm^2$；矿山修复 1.8 $hm^2$ | 新增保护与修复林草地 157.6 $hm^2$，新增湿地 390.94 $hm^2$；矿山修复 9.95 $hm^2$ | |  |  |

| 序号 | 项目名称 | 实施情况 | 预期效益目标 | 实际完成情况 | 效益目标完成情况 | 治理前照片 | 治理后照片 |
|---|---|---|---|---|---|---|---|
| 4 | 伊春市原伊翠铁路生态修复工程 | 通过竣工验收 | 恢复林地 43.96 $hm^2$，新增湿地面积 4.84 $hm^2$。污染负荷 COD 削减 5.3 t/a、氨氮削减 18 t/a、总磷削减 1.1 t/a | 恢复林地 87.38 $hm^2$，新增湿地面积 6.31 $hm^2$。污染负荷 COD 削减 7.22 t/a、氨氮削减 20.15 t/a、总磷削减 2.22 t/a | 超额完成 |  |  |
| 5 | 倭肯河下游（依兰段）生态环境修复工程 | 完工，验收整改中 | 新增林草保护修复 170.83 $hm^2$ | 森林抚育面积 133.4 $hm^2$、新增林草保护修复面积 45.82 $hm^2$ | 完成 |  |  |
| 6 | 勃利县吉兴河流域生态修复工程 | 通过竣工验收 | 修复湿地 50 $hm^2$ | 湿地修复 17.54 $hm^2$。污染负荷 COD 削减 88.71 t/a、氨氮 1.92 t/a、总磷削减 0.54 t/a | 湿地未完成，其他完成 |  |  |
| 7 | 鹤岗市五号水库饮用水水源地一级保护区防护工程 | 通过竣工验收 | 恢复林地 0.19 $hm^2$ | 恢复林地 0.19 $hm^2$ | 完成 |  |  |

| 序号 | 项目名称 | 实施情况 | 预期效益目标 | 实际完成情况 | 效益目标完成情况 | 治理前照片 | 治理后照片 |
|---|---|---|---|---|---|---|---|
| 8 | 鹤岗市水源涵养林森林质量提升工程 | 通过竣工验收 | 森林抚育 8 000 $hm^2$ | 森林抚育 8 000 $hm^2$ | 完成 |  |  |

表 3-3 矿山环境治理恢复类工程完成情况

| 序号 | 项目名称 | 实施情况 | 效益目标 | 实际完成情况 | 效益目标完成情况 | 治理前照片 | 治理后照片 |
|---|---|---|---|---|---|---|---|
| 1 | 依兰县小兴安岭余脉山体地质灾害治理工程 | 已完工，正在推进验收工作 | 矿山修复 8.28 $hm^2$，地质灾害 14.5 $hm^2$ | 地质灾害防治 14.5 $hm^2$，矿山恢复 9.6 $hm^2$ | 完成 |  |  |
| 2 | 鹤岗市南山区矿山地质环境保护与修复工程 | 通过竣工验收 | 矿山修复 659.67 $hm^2$ | 矿山修复 378.39 $hm^2$ | 以预期绩效核减 820 $hm^2$ 后，数据对比为完成 |  |  |
| 3 | 鹤岗市东山区矿山地质环境保护与修复工程 | 通过竣工验收 | 矿山修复 23.34 $hm^2$ | 矿山修复 27.26 $hm^2$ | |  |  |

| 序号 | 项目名称 | 实施情况 | 效益目标 | 实际完成情况 | 效益目标完成情况 | 治理前照片 | 治理后照片 |
|---|---|---|---|---|---|---|---|
| 4 | 鹤岗市兴安区矿山地质环境保护与修复工程 | 通过竣工验收 | 矿山修复 1 042.97 $hm^2$ | 矿山修复 513.64 $hm^2$ | 以预期绩效核减 820 $hm^2$ 后，数据对比为完成 |  |  |
| 5 | 鹤岗市煤矿棚户区、采煤沉陷棚户区动迁修复工程 | 通过竣工验收 | 矿山修复 190.734 $hm^2$ | 矿山修复 199.36 $hm^2$ | 完成 |  |  |
| 6 | 勃利县河口村、福兴村、新民村地质灾害治理项目 | 通过竣工验收 | 矿山修复 39 $hm^2$ | 矿山修复 39 $hm^2$ | 完成 |  |  |
| 7 | 九龙水库周边崩塌地质灾害勘查与治理工程 | 通过竣工验收 | 地质灾害治理 25.01 $hm^2$ | 地质灾害防治 25.4 $hm^2$ | 完成 |  |  |
| 8 | 萝北县曙光村西山地质环境保护与恢复治理工程 | 通过竣工验收 | 矿山修复 12.33 $hm^2$ | 矿山修复 24.6 $hm^2$ | 完成 |  |  |

| 序号 | 项目名称 | 实施情况 | 效益目标 | 实际完成情况 | 效益目标完成情况 | 治理前照片 | 治理后照片 |
|---|---|---|---|---|---|---|---|
| 9 | 双鸭山市宝山区废弃白灰厂矿山地质环境治理工程 | 通过竣工验收 | 矿山修复 25.83 $hm^2$，恢复林地植被面积 20.61 $hm^2$ | 矿山修复 25.83 $hm^2$，其中恢复林地植被面积 20.61 $hm^2$ | 完成 |  |  |
| 10 | 双鸭山市宝山区矿山地质环境治理工程 | 通过竣工验收 | 恢复林地面积 35.22 $hm^2$，新增耕地面积 1.35 $hm^2$ | 矿山修复 36.76 $hm^2$（其中恢复林地 35.41 $hm^2$，耕地 1.35 $hm^2$） | 完成 |  |  |
| 11 | 宝运河生态环境综合整治工程 | 通过竣工验收 | 矿山修复 2.5 $hm^2$，恢复林地面积 42.50 $hm^2$，新增农田面积 47.18 $hm^2$ | 矿山修复 2.5 $hm^2$，林地恢复 42.99 $hm^2$，新增农田 47.44 $hm^2$ | 完成 |  |  |
| 12 | 七台河市废弃煤矿矿山恢复治理工程 | 已完工，正在验收整改中 | 矿山修复 1 282.5 $hm^2$ | 矿山修复 1 375.22 $hm^2$，完成效益目标 | 超额完成 |  |  |
| 13 | 倭肯河流域七台河段破损山体生态修复工程 | 已完工，正在验收整改中 | 矿山修复 306.6 $hm^2$ | 完成矿山修复面积 307.6 $hm^2$ | 完成 |  |  |

| 序号 | 项目名称 | 实施情况 | 效益目标 | 实际完成情况 | 效益目标完成情况 | 治理前照片 | 治理后照片 |
|---|---|---|---|---|---|---|---|
| 14 | 茄子河矿采煤塌陷区生态修复工程 | 已完工，正在验收整改中 | 矿山修复 212.3 $hm^2$ | 矿山修复 237.15 $hm^2$，完成效益目标 | 超额完成 |  |  |

表 3-4　土地整治与修复类工程完成情况

| 序号 | 项目名称 | 实施情况 | 效益目标 | 实际完成情况 | 效益目标完成情况 | 治理前照片 | 治理后照片 |
|---|---|---|---|---|---|---|---|
| 1 | 依兰县城东存量垃圾治理工程 | 通过竣工验收 | 土地修复 3.0 $hm^2$ | 土地修复 3.0 $hm^2$ | 完成 |  |  |
| 2 | 萝北县渔米河林场小流域西沟植被恢复工程 | 通过竣工验收 | 水土流失治理 211.06 $hm^2$ | 水土流失治理 211.06 $hm^2$ | 完成 |  |  |
| 3 | 萝北县渔米河林场小流域北沟植被恢复工程 | 通过竣工验收 | 水土流失治理 160.89 $hm^2$ | 水土流失治理 160.89 $hm^2$ | 完成 | | |
| 4 | 萝北县渔米河林场小流域大脑山植被恢复工程 | 通过竣工验收 | 水土流失治理 290.15 $hm^2$ | 水土流失治理 290.15 $hm^2$ | 完成 | | |
| 5 | 萝北县二十里河林场小流域南山植被恢复工程 | 通过竣工验收 | 水土流失治理 204.6 $hm^2$ | 水土流失治理 204.6 $hm^2$ | 完成 | | |

| 序号 | 项目名称 | 实施情况 | 效益目标 | 实际完成情况 | 效益目标完成情况 | 治理前照片 | 治理后照片 |
|---|---|---|---|---|---|---|---|
| 6 | 萝北县二十里河林场小流域老二队植被恢复工程 | 通过竣工验收 | 水土流失治理 123.76 $hm^2$ | 水土流失治理 123.76 $hm^2$ | 完成 | | |
| 7 | 鹤岗市存量垃圾治理工程 | 通过竣工验收 | 土地修复 9.2 $hm^2$ | 土地修复 9.39 $hm^2$ | 超额完成 |  |  |
| 8 | 富锦市东西山水土流失治理工程 | 通过竣工验收 | 水土流失治理 281 $hm^2$ | 水土流失治理 281 $hm^2$ | 完成 |  |  |
| 9 | 桦南县废弃垃圾场存量垃圾处理工程 | 通过竣工验收 | 土地修复 2.7 $hm^2$ | 土地修复 2.7 $hm^2$ | 完成 |  |  |

| 序号 | 项目名称 | 实施情况 | 效益目标 | 实际完成情况 | 效益目标完成情况 | 治理前照片 | 治理后照片 |
|---|---|---|---|---|---|---|---|
| 10 | 松花江富锦段沿岸退化耕地修复治理工程 | 通过竣工验收 | 耕地质量提升 21 432.91 $hm^2$ | 耕地质量提升 21 432.91 $hm^2$ | 完成 |  |  |
| 11 | 桦南县水源地保护修复工程 | 通过竣工验收 | 水土流失治理 27.89 $hm^2$ | 水土流失治理 49.92 $hm^2$ | 超额完成 |  |  |
| 12 | 富锦市挠力河流域富锦片区水土流失治理工程 | 通过竣工验收 | 水土流失治理 9.55 $hm^2$ | 水土流失治理 9.55 $hm^2$ | 完成 |  |  |
| 13 | 鹤岗市煤矿棚户区、采煤沉陷棚户区动迁修复工程 | 通过竣工验收 | 矿山修复 190.73 $hm^2$ | 矿山修复 199.36 $hm^2$ | 列入矿山环境治理类项目 |  |  |

| 序号 | 项目名称 | 实施情况 | 效益目标 | 实际完成情况 | 效益目标完成情况 | 治理前照片 | 治理后照片 |
|---|---|---|---|---|---|---|---|
| 14 | 三江平原土地整治高标准农田项目 | 通过竣工验收 | 高标准农田建设 25 000 $hm^2$ | 高标准农田建设 25 000 $hm^2$ | 完成 |  |  |

**表 3-5　生物多样性保护类工程完成情况**

| 序号 | 项目名称 | 实施情况 | 效益目标 | 实际完成情况 | 效益目标完成情况 | 治理前照片 | 治理后照片 |
|---|---|---|---|---|---|---|---|
| 1 | 小兴安岭伊春河秋沙鸭栖息地修复治理工程 | 通过竣工验收 | 新增保护与修复林草地 35.69 $hm^2$，新增湿地保护修复面积 34.09 $hm^2$；每年削减 COD108 t/a、氨氮 13 t/a、总磷 1.9 t/a | 林草地 35.76 $hm^2$，湿地修复面积 143.2 $hm^2$，COD 削减 1 722.209 t、氨氮削减 21.386 t、总磷削减 2.956 t | 超额完成 |  |  |
| 2 | 黑龙江绥滨两江湿地保护与恢复工程 | 通过竣工验收 | 恢复湿地 4 230 $hm^2$，变更后项目绩效目标为退耕还湿 3 563 $hm^2$ | 退耕还湿 3 563.42 $hm^2$ | 完成 |  |  |

| 序号 | 项目名称 | 实施情况 | 效益目标 | 实际完成情况 | 效益目标完成情况 | 治理前照片 | 治理后照片 |
|---|---|---|---|---|---|---|---|
| 3 | 宝清县挠力河流域生态环境综合整治修复工程 | 通过竣工验收 | 新增林草修复面积 25.94 $hm^2$，湿地修复面积 86 $hm^2$。每年削减 COD 860 t、氨氮 161.04 t、总磷 77.2 t | 新增林草修复面积 25.94 $hm^2$，新增湿地保护修复面积 86.07 $hm^2$，完成削减 COD 2 828.76 t/a、氨氮 253.93 t/a、总磷 101.19 t/a | 完成 |  |  |
| 4 | 黑龙江沿岸抚远段生态修复工程 | 通过竣工验收 | 恢复林草 59 $hm^2$，新增矿山恢复面积 86.9 $hm^2$，恢复湿地 57.62 $hm^2$，每年削减 COD10.45 t、氨氮 2.14 t、总磷 0.4 t | 恢复林草 59 $hm^2$，新增矿山恢复面积 86.9 $hm^2$、湿地修复与建设面积 57.62 $hm^2$，每年削减 COD22.81 t、氨氮 7.617 t、总磷 0.415 2 t | 完成 |  |  |
| 5 | 三江平原湿地保护与恢复工程 | 通过竣工验收 | 恢复湿地 1 570.32 $hm^2$ | 恢复湿地 2 034 $hm^2$ | 超额完成 |  |  |
| 6 | 黑瞎子岛国家级自然保护区自然湿地生态保护项目 | 通过竣工验收 | 湿地保护修复 3 100 $hm^2$ | 湿地保护修复 3 100 $hm^2$ | 完成 |  |  |

| 序号 | 项目名称 | 实施情况 | 效益目标 | 实际完成情况 | 效益目标完成情况 | 治理前照片 | 治理后照片 |
|---|---|---|---|---|---|---|---|
| 7 | 勃利县碾子河南段综合治理工程 | 通过竣工验收 | 恢复湿地面积 9.72 $hm^2$；每年削减 COD 215 t、氨氮 23.65 t、总磷 1.72 t | 恢复湿地 9.79 $hm^2$、削减 COD 439.44 t、削减氨氮 110.4 t、削减总磷 12.08 t | 超额完成 |  |  |
| 8 | 黑龙江抚远段鲟鳇鱼种质资源保存工程 | 通过竣工验收 | 鲟鳇鱼繁殖恢复 40 万尾 | 增加鲟鳇鱼繁殖恢复 40 万尾 | 完成 |  |  |
| 9 | 富锦市林木种质库资源保护工程 | 通过竣工验收 | 林木种质资源保护区 120 $hm^2$ | 建设林木种质资源保护区 146 $hm^2$，其中新建种质资源原地保存区 120 $hm^2$ | 完成 |  |  |

表 3-6　水环境保护治理类工程完成情况

| 序号 | 项目名称 | 实施情况 | 效益目标 | 实际完成情况 | 效益目标完成情况 | 治理前照片 | 治理后照片 |
| --- | --- | --- | --- | --- | --- | --- | --- |
| 1 | 伊春河（含老河道）水环境综合治理工程 | 通过竣工验收 | 新增保护与修复林草地 47.55 $hm^2$，新增湿地保护修复 6.35 $hm^2$；矿山修复 2.4 $hm^2$，污染负荷削减 COD 144.88 t/a、氨氮 7.29 t/a、总磷 1.59 t/a | 新增林草地 59.5 $hm^2$，新增湿地保护修复 8.01 $hm^2$，矿山修复 1.24 $hm^2$，污染负荷 COD 4 398.6 t/a、氨氮 10.6 t/a、总磷 204.4 t/a | 超额完成 |  |  |
| 2 | 哈尔滨化工产业园污水处理工程 | 已完工，正在验收整改中 | 每年削减 COD 3175 t、氨氮 424.86 t、总氮 549.69 t、总磷 45.99 t | 管线未接入，暂未产生生态效益 | 未完成 |  |  |
| 3 | 同江市三江口饮用水水源地污染防治工程 | 通过竣工验收 | 恢复林草地 37.6 $hm^2$ | 完成恢复林草地 38.3 $hm^2$。COD 2.654 t/a、氨氮 0.014 t/a、总磷 0.014 t/a | 完成 |  |  |

| 序号 | 项目名称 | 实施情况 | 效益目标 | 实际完成情况 | 效益目标完成情况 | 治理前照片 | 治理后照片 |
|---|---|---|---|---|---|---|---|
| 4 | 勃利县碾子河北段生态修复工程 | 通过竣工验收 | 修复湿地 2.06 $hm^2$，每年削减 COD 387 t、氨氮 38.7 t、总氮 33.33 t、总磷 5.38 t | 完成恢复湿地 2.12 $hm^2$、削减 COD 494.37 t、削减氨氮 97.78 t、削减总磷 11.35 t | 超额完成 |  |  |
| 5 | 鹤岗“两河十四沟”清水秀岸综治一期工程 | 已完工，正在验收整改中 | 恢复湿地 70 $hm^2$、每年削减 COD 1 096.2 t、氨氮 160.5 t、总磷 15.12 t | 恢复湿地 77.33 $hm^2$，削减 COD13 477.19 t/a、氨氮 1 731.88 t/a、总磷 55.67 t/a | 超额完成 |  |  |
| 6 | 宝清县宝清镇饮用水水源地一级保护区整改工程 | 通过竣工验收 | 恢复林地 24.85 $hm^2$，提升饮用水服务水平 12.14 万人 | 退耕还林还草 19.26 $hm^2$ | 未完成 |  |  |
| 7 | 宝清县宝石河城区段生态环境综合治理工程 | 通过竣工验收 | 新增林草修复面积 9.25 $hm^2$，新增湿地保护修复面积 6.5 $hm^2$，每年削减 COD 9.216 t、氨氮 1.58 t、总磷 0.95 t | 新增林草面积 10.53 $hm^2$，新增湿地 12.03 $hm^2$，COD 削减量 235.8 t/a、氨氮削减 14.69 t/a，总磷削减量为 0.95 t/a | 超额完成 |  |  |

| 序号 | 项目名称 | 实施情况 | 效益目标 | 实际完成情况 | 效益目标完成情况 | 治理前照片 | 治理后照片 |
|---|---|---|---|---|---|---|---|
| 8 | 双鸭山安邦河流域水环境综合整治工程 | 通过竣工验收 | 修复湿地 15.27 $hm^2$，每年削减 COD 678.6 t、氨 78.63 t、总氮 186.34 t、总磷 7.006 t | 修复湿地 15.27 $hm^2$ | 完成 |  |  |
| 9 | 双鸭山市马蹄河水体水质提升工程 | 通过竣工验收 | 修复湿地 4.98 $hm^2$，每年削减 COD 219 t、氨氮 3.65 t、总磷 0.73 t | 无最终生态绩效核算 | 完成 |  |  |
| 10 | 宝清县挠力河流域生态环境综合整治修复工程（头道岗灌区拦河坝-宝石河入河口段） | 通过竣工验收 | 新增林草地保护 60 $hm^2$，削减 COD 98.94 t/a、氨氮 22 t/a、总磷 8.25 t/a | 新增林草地保护 60 $hm^2$，COD 148.51 t/a、氨氮 34 t/a、总磷 9.83 t/a | 超额完成 |  |  |
| 11 | 安邦河集贤段流域河道整治、湿地恢复修复工程 | 通过竣工验收 | 恢复湿地 20 $hm^2$，每年削减 COD 234.06 t、氨氮 30.06 t、总磷 5.36 t | 修复湿地 25.48 $hm^2$，每年削减 COD 715.55 t、氨 83.81 t、总磷 13.42 t | 超额完成 |  |  |

| 序号 | 项目名称 | 实施情况 | 效益目标 | 实际完成情况 | 效益目标完成情况 | 治理前照片 | 治理后照片 |
|---|---|---|---|---|---|---|---|
| 12 | 双鸭山市生活垃圾焚烧发电厂工程 | 通过竣工验收 | 每年削减 COD 2 190 t、氨氮 219 t、总磷 87.6 t | 每年削减 COD4 367.52 t、氨氮 224.53 t、总磷 10.633 t | 超额完成 |  |  |
| 13 | 佳木斯市内河区域环境治理工程 | 通过竣工验收 | 恢复林草 378.88 $hm^2$，恢复湿地 42.3 $hm^2$，每年削减 COD 883 t、氨氮 118 t、总磷 8.6 t | 恢复林草 379.23 $hm^2$，恢复湿地 162 $hm^2$；COD 削减量 1 714.94 t/a、氨氮削减量 207 t/a、总磷削减量 24.89 t/a | 完成 |  |  |
| 14 | 黑龙江（抚远段）支流伟华滨河生态环境综合整治工程 | 通过竣工验收 | 湿地恢复 10 $hm^2$；每年削减 COD 10.45 t、氨氮 2.14 t、总磷 0.4 t | 恢复湿地 10 $hm^2$，每年削减 COD 87.74 t、氨氮 50.05 t、总磷 0.74 t | 超额完成 |  |  |
| 15 | 七台河市倭肯河流域城区下游段生态保护与修复工程 | 已完工，正在验收整改中 | 修复湿地 81.34 $hm^2$；恢复林地 100.2 $hm^2$；每年削减 COD 600 t、氨氮 70 t、总磷 30 t | 修复湿地 81.34 $hm^2$；恢复林地 63.93 $hm^2$；恢复绿地 95.53 $hm^2$，每年削减 COD 3 487.88 t、氨氮 1 388.11 t、总磷 30.31 t | 受桃山湖扩容、提升水位影响，部分实施地块处于淹没区，无法继续实施。完成核减后效益目标 |  |  |

| 序号 | 项目名称 | 实施情况 | 效益目标 | 实际完成情况 | 效益目标完成情况 | 治理前照片 | 治理后照片 |
|---|---|---|---|---|---|---|---|
| 16 | 七台河市草倭肯河流域城区段生态保护与修复工程 | 已完工，正在验收整改中 | 修复湿地 621 $hm^2$ | 湿地修复面积 700 $hm^2$ | 超额完成 |  |  |
| 17 | 双鸭山经济技术开发区污水处理厂及中水回用工程 | 通过竣工验收 | 每年削减污染负荷 COD 2 737.5 t、氨氮 206.59 t、总磷 45.99 t | 未投产，尚未产生生态绩效 | 未完成 |  |  |
| 18 | 松花江下游佳木斯饮用水水源地水质安全防护工程 | 通过竣工验收 | COD 削减量 6.7 t/a、氨氮削减量 0.46 t/a、总磷削减量 0.11 t/a、总氮削减量 0.46 t/a | COD 削减量 11.86 t/a、氨氮削减量 1.67 t/a、总磷削减量 0.12 t/a | 超额完成 |  |  |
| 19 | 依兰县污水处理厂二期扩建工程 | 通过竣工验收 | 每年削减 COD 1825 t、氨氮 146 t、总氮 182.5 t、总磷 25.55 t | COD 削减量 915.5 t/a、氨氮削减量 41.57 t/a、总磷削减量 11.38 t/a | 未完成 |  |  |

### 3.2.6 监测监管能力提升类

《实施方案》提出共计 2 项监管能力提升重点工程，分别为黑龙江省生态环境质量综合监测预警能力建设工程、小兴安岭-三江平原生态安全调查与评估方案。

截至 2023 年 12 月，工程完成情况为黑龙江省生态环境质量综合监测预警能力建设工程已完工，已完成验收工作。项目建设完成后实现全省县（区）级城市空气质量自动监测，有效提升生态环境数据的完整性、有效性、自动化水平，支撑全省生态环境质量大数据平台，逐步完成全省生态环境监测网络建设目标任务。通过预警监管平台与无人机巡航及空气自动站网络建设的有机结合，形成一张移动的实时监控系统网络。实现了监控可视化、智能化，为环境质量监测预警研判、行政决策提供辅助支撑。

小兴安岭-三江平原生态安全调查与评估方案项目正在开展有关工作。方案计划建设期为 2019—2022 年，预期目标为通过构建指标体系评估项目区的生态安全状况，为项目的绩效评估提供数据支撑。

## 3.3 目标评价

### 3.3.1 总体目标

《实施方案》提出的总体目标是“到 2021 年，小兴安岭-三江平原生态环境质量总体改善，主要污染物排放总量大幅减少，生物多样性得到切实保护，生态系统服务功能稳定提高，生态安全屏障地位得到巩固，生态保护修复体制机制逐步完善，生态环境保护水平同黑龙江省全面建成小康社会目标相适应”。并对“两屏一带一区”各保护与修复分区以及生态文明制度建设方面提出了目标。

评估认为，试点地区合理布局生态安全、农业生产、城镇生活三类空间，三类主体功能区划分更加科学优化。通过实施森林保护修复、矿山环境治理恢复、土地整治与修复、生物多样性保护、水环境保护治理、监管能力提升六大类工程，小兴安岭-三江平原生态环境质量总体得到改善，主要污染物排放总量减少，生物多样性保护加强，生态系统服务功能稳定提高，生态安全屏障地位进一步巩固，生态保护修复体制机制逐步完善。

“两屏”（修山护林）方面，划定小兴安岭森林保护区和完达山森林抚育区 2 个森林保护修复工程重点区域，实施森林抚育修复、山体植被修复、林缘带防护林建设等工程；确定鹤岗废弃矿山治理区和双鸭山废弃矿山治理区 2 个区域为矿山环境重点治理区，开展占用压覆土地治理、地形地貌景观恢复整治和地质灾害治理。试点地区森林生态系统破碎化现状改善、森林蓄积增加，林分质量提高，历史遗留矿山地质环境和水土流失得到综合整治，对减少矿山地质灾害起到积极作用。

“一带”（治水保田）方面，将伊春河、倭肯河中下游、松花江下游支流及黑龙江同江-抚远段支流作为水环境综合整治重点河段，开展污水处理厂提标改造、存量垃圾处理处置、水源地保护、河道综合整治、流域综合整治等。确定鹤岗-萝北水土流失治理重点区、完达山区土地综合整治重点区和松花江沿江黑土地保护区 3 个土地整治与修复重点区域，工矿废弃地复垦、水土流失治理、土壤污染综合治理、黑土地高标准农田建设。项目实施以来，项目区国控断面达到或优于Ⅲ类水体比例由 41.2%增长至 74.4%，国控断面劣Ⅴ类水体清零，项目区化学需氧量、氨氮、总磷污染排放降低，城市生活饮用水水源地水质达标率达到 100%；土壤环境质量得到阶段性明显改善，黑土地得到有效保护。

“一区”目标（生多保护）方面，将三江平原湿地生物多样性保护区作为生物多样性保护工程重点区域，实施湿地保护修复、遗传资源保存、珍稀野生动物栖息地保护修复等工程。重点湿地生态功能有效恢复，部分受损生境得到恢复与重建，自然保护区能力建设水平得到提升，东北虎、东方白鹳、丹顶鹤等重要动植物资源得到有效保护，鲟鳇鱼种质资源得到保护，秋沙鸭栖息地得到修复治理，生物多样性维持能力逐渐提高。

评估认为，截至 2023 年 12 月，项目区提出了修山护林、治水、保田、生物多样性保护 4 类生态环境考核指标中指标均已完成。

### 3.3.2 具体指标

《实施方案》对项目区提出了修山护林、治水、保田、生物多样性保护 4 类共计 15 项生态环境考核指标。本次评估以项目实施主管部门提交山水林田湖草生态保护修复工程试点相关工作开展情况总结报告为依据，参考子项目生态绩效目标核算报告、工程复核报告或子项目竣工验收报告，最终指标完成情况以项目实施主管部门的总结报告为准，汇总得出指标完成情况如下：

修山护林方面，根据省林草局、自然资源厅、水利厅统计和复核，共完成新增林草保护修复面积 9 415.55 $hm^2$，新增矿山保护修复面积 3 337.66 $hm^2$，新增水土流失治理面积 1 000.01 $hm^2$，3 项指标均完成《实施方案》提出的目标值。

治水方面，国控考核断面地表水达到或优于Ⅲ类水的比例达到 74.4%，超额完成目标 14.4 个百分点；国控考核断面地表水质量劣Ⅴ类比例为 0，达到目标要求；城市集中式饮用水水源地水质达标率 100%，达到目标要求。截至 2022 年年底，桦南县、依兰县、鹤岗市、双鸭山市生活垃圾无害化处理率达 100%，完成 93%的任务目标。2022 年依兰县城市污水处理率完成 95%的任务目标。佳木斯市内河区域环境治理工程等项目共完成氨氮削减 4 192 t/a、化学需氧量削减 29 633 t/a、总磷削减 278 t/a，超额完成绩效目标。

保田方面，新增污染土壤治理 15.09 $hm^2$，超额完成效益目标。三江平原土地整治高标准农田项目建设高标准农田建设 25 000 $hm^2$，完成新增高标准农田建设效益目标。通过高标准农田项目的实施，进一步优化农业种植业结构调整，逐步提升了项目区耕地质量和水资源利用率。

生物多样性保护方面，根据省林草局统计和复核，湿地保护修复共计 10 488.17 $hm^2$，超额完成效益目标。鲟鳇鱼种质资源、秋沙鸭栖息地得到有效保护，重点野生动植物保护率达到 100%，维持了区域生物多样性、保持了生态平衡。项目区指标完成情况见表 3-7。

表 3-7　项目区指标完成情况

| 编号 | 类型 | | 绩效指标 | 目标值 | 2018 年 | 完成值 | 属性 |
|---|---|---|---|---|---|---|---|
| 1 | 生态环境 | 修山护林 | 新增林草保护修复面积/$hm^2$ | 8 000 | — | 9 415.55 | 约束性 |
| 2 | | | 新增矿山保护修复面积/$hm^2$ | 3 000 | — | 3 337.66 | 约束性 |
| 3 | | | 新增水土流失治理面积/$hm^2$ | 1 000 | — | 1 000.01 | 约束性 |

| 编号 | 类型 | | 绩效指标 | 目标值 | 2018 年 | 完成值 | 属性 |
|---|---|---|---|---|---|---|---|
| 4 | 生态环境 | 治水 | 氨氮削减/（t/a） | 1 300 | — | 4 192 | 约束性 |
| 5 | | | 化学需氧量削减/（t/a） | 14 000 | — | 29 633 | 约束性 |
| 6 | | | 总磷削减/（t/a） | 250 | — | 278 | 预期性 |
| 7 | | | 城市生活垃圾无害化处置率/% ① | 93 | 80 | 100 | 预期性 |
| 8 | | | 城市污水处理率/% ① | 95 | 90 | 97.9 | 预期性 |
| 9 | | | 国控考核断面地表水达到或优于III类水的比例/% ③ | 60 | 41.2 | 74.4 | 预期性 |
| 10 | | | 国控考核断面地表水质量劣V类比例/% ③ | 0 | 5.9 | 0 | 预期性 |
| 11 | | | 城市集中式饮用水水源地水质达标率/% ① | 100 | 90 | 100 | 预期性 |
| 12 | | 保田 | 新增污染土壤治理/$hm^2$ ② | 14 | — | 15.09 | 约束性 |
| 13 | | | 新增高标准农田建设/$hm^2$ | 25 000 | — | 25 000 | 约束性 |
| 14 | | 生物多样性保护 | 湿地保护修复/$hm^2$ | 6 000 | — | 10 488.17 | 约束性 |
| 15 | | | 重点保护野生动植物保护率/% | 95 | — | 100 | 预期性 |

注：①城市指地级市；②污染土壤治理主要指垃圾填埋场治理；③背景值引起的超标问题，根据专家评审扣除相关因背景值引起的超标的指标。

## 3.4 绩效目标评价

### 3.4.1 “修山护林”绩效评价

省自然资源、林业草原和水利部门强化对矿山综合治理和森林水源涵养绩效目标完成的推进指导，经复核共完成新增林草地修复保护 9 415.55 $hm^2$、新增矿山修复 3 337.66 $hm^2$，保护修复森林蓄积大幅增加，历史遗留矿山地质环境和水土流失得到综合整治，矿山地质灾害有效减少，生态安全屏障地位得到巩固。

《实施方案》中森林保护修复类工程有 8 项，此外，小兴安岭伊春河秋沙鸭栖息地修复治理工程、宝清县挠力河流域生态环境综合整治修复工程、黑龙江沿岸抚远段生态修复工程、伊春河（含老河道）水环境综合治理工程、七台河市倭肯河流域城区下游段生态保护与修复工程 5 项工程中均存在林草恢复建设内容，共计 13 个子项目存在新增林草保护修复面积绩效指标。结合子项目工程复核报告、绩效目标核算报告、竣工验收报告数据对比分析，对完成林草保护修复绩效指标进行评估。根据数据分析，鹤岗市 2 个子项目共完成森林抚育和林草修复 8 000.19 $hm^2$，伊春市 6 个子项目共完成林草恢复 729.21 $hm^2$，佳木斯市完成林草恢复 59 $hm^2$、新建林木种质资源保护区 146 $hm^2$，七台河市完成林草修复 63.93 $hm^2$，双鸭山市完成林草恢复 25.94 $hm^2$，总计完成新增林草保护修复面积为 9 415.55 $hm^2$，超额完成新增林草保护修复目标值 8 000 $hm^2$ 的目标。

《实施方案》中矿山环境治理恢复类工程 13 项，结合《关于印发〈黑龙江省小兴安岭-三江平原山水林田湖草生态保护修复工程试点绩效目标指导任务分工方案〉的通知》，将鹤岗市煤矿棚户区、采煤沉陷区棚户区动迁修复工程纳入矿山环境类项目统计生态绩效指标。同时，佳木斯市的富锦市挠力河流域东西山水土流失治理工程、黑龙江沿岸抚远段生态修复工程（原名滨江公园项目）2 个项目，伊春市的伊春河（含老河道）水环境综合治理工程、小兴安岭腹地北山植被恢复与保护工程、小兴安岭腹地南山植被恢复与保护工程、小兴安岭腹地南北山林缘交错带生态修复工程 4 个子项目中均有部分矿山环境治理工程。共计对 20 个子项目进行矿山生态修复面积绩效指标统计。结合 20 个存在矿山保护修复面积绩效指标的子项目工程复核报告数据和现场无人机航拍数据对比分析，对完成矿山修复面积绩效指标进行评估。根据数据分析，鹤岗市本级 4 个矿山子项目共完成矿山修复 1 118.65 $hm^2$，萝北县完成矿山修复 24.6 $hm^2$。七台河市本级完成矿山修复 1 923.32 $hm^2$，勃利县完成地质灾害防治及矿山修复 79.38 $hm^2$。双鸭山市完成矿山修复 65.09 $hm^2$。依兰县完成地质灾害防治及矿山修复为 24.12 $hm^2$，佳木斯市完成矿山修复 102.85 $hm^2$，伊春市完成矿山修复 17.96 $hm^2$。总计完成矿山修复面积为 3 337.66 $hm^2$，超额完成新增矿山修复面积 3 000 $hm^2$ 的目标。

### 3.4.2 “治水修护”绩效评价

《实施方案》中水环境保护治理类共有 19 项工程，加上森林保护类工程中伊春市原伊翠铁路生态修复工程和生物多样性保护类工程中小兴安岭伊春河秋沙鸭栖息地修复治理工程、黑龙江沿岸抚远段生态修复工程、宝清县挠力河流域生态环境综合整治修复工程、勃利县碾子河南段综合治理工程，共计24项工程涉及水环境保护指标。省生态环境厅及住房和城乡建设厅强化对水环境保护绩效目标完成的推进指导，目前20个项目已完成8项水环境保护类生态绩效目标，国控断面地表水达到或优于Ⅲ类水比例、地表水质量劣Ⅴ类比例、城市集中式饮用水水源地水质达标率、城市生活垃圾无害化处置率、城市污水处理率、氨氮削减量、化学需氧量削减量、总磷削减量均已达到目标要求。

根据省生态环境监测中心提供的国控断面水质评价结果和项目区各市（县）《生态环境状况公报》或《生态环境质量报告书》，2018—2022年项目区国控断面地表水达到或优于Ⅲ类水比例、地表水质量劣Ⅴ类比例、城市集中式饮用水水源地水质达标率逐年好转，2022年项目区国控断面地表水达到或优于Ⅲ类水比例为74.4%，超额完成目标14.4个百分点；地表水质量劣Ⅴ类比例为0，达到目标要求；城市集中式饮用水水源地水质达标率达到100%，达到目标要求。

桦南县废弃垃圾场存量垃圾处理工程、依兰县城东存量垃圾治理工程、鹤岗市存量垃圾治理工程均已完成存量垃圾治理，双鸭山市生活垃圾焚烧发电工程已投入试运行。桦南县、依兰县、鹤岗市、双鸭山市生活垃圾无害化处理率达100%，完成93%的任务目标。依兰县污水处理厂二期扩建工程已竣工、双鸭山经济技术开发区污水处理厂及中水回用工程已完工，截至2022年年底，依兰县城市污水处理量达到97.9%，依兰县完成城市污水处理率95%的任务目标。

截至2023年12月，包含伊春河（含老河道）水环境综合治理工程在内的19个子项目，共完成氨氮削减量4 192 t/a、化学需氧量削减量29 633 t/a，总磷削减量278 t/a，均超额完成全省污染物削减量目标，完成率分别为322%、212%和111%。双鸭山经济技术开发区污水处理厂及中水回用工程、哈尔滨化工产业园污水处理工程虽然工程已完工，但因园区目前尚无企业入驻，没有污水进入，预计2023年年底污水管线接通后产生污染物削减生态效益。双鸭山市马蹄河水体水质提升工程尚未完成生态绩效核算。

### 3.4.3 “治土保田”绩效评价

注重改善土壤环境质量、更好发挥“北大仓”国家重要粮食基地保障作用，水利、农业农村和生态环境部门强化对绩效目标完成的推进指导，所负责的子项目共完成新增水土流失治理 1 000.01 hm$^2$、新增高标准农田建设 25 000 hm$^2$、污染土壤治理 15.09 hm$^2$，实现了黑土地不减少、不退化和土壤环境质量的全面改善的目标。

水利厅牵头督导土地综合整治类项目共计有 6 个，其中萝北县山水林田湖生态保护修复水土保持生态建设项目包含 5 个子项目，工程完成绩效目标任务水土流失治理面积 990.46 hm$^2$。挠力河流域富锦片区水土流失项目 1 个子项目工程完成绩效目标任务水土流失治理面积 9.55 hm$^2$。6 个水土流失治理子项目完成绩效目标任务水土流失治理面积 1 000.01 hm$^2$，达到绩效目标。

农业农村厅负责指导推进三江平原高标准农田建设工程和松花江富锦段沿岸退化耕地修复治理工程，截至 2022 年年底，涉及三江平原的高标准农田建设项目全部竣工，完成新增高标准农田建设任务 25 000 hm$^2$ 的绩效目标。松花江富锦段沿岸退化耕地修复治理工程 2019—2021 年修复退化耕地面积 32.15 万亩，完成秸秆还田面积 21 432.91 hm$^2$，耕地增施有机肥面积 2 480.11 hm$^2$，通过秸秆还田及施用有机肥，提高农民对耕地质量退化修复治理的意识，自觉采取秸秆还田等措施，改善农田生态环境，提高黑土耕地质量。

省生态环境厅负责污染土壤治理绩效目标核算，该指标涉及佳木斯市、鹤岗市、哈尔滨市依兰县 3 个存量垃圾治理工程。其中，桦南县废弃垃圾场存量垃圾处理工程修复污染土壤 2.70 hm$^2$、鹤岗市存量垃圾治理工程修复污染土壤 9.39 hm$^2$、依兰县城东存量垃圾治理工程修复污染土壤 3.00 hm$^2$，累计完成污染土壤治理面积 15.09 hm$^2$，指标完成率达 101%。

### 3.4.4 “生物多样性保护”绩效评价

《实施方案》中生物多样性保护类共有 9 项工程，加上森林保护类工程中的 5 项工程和水环境保护治理类工程中的 11 项工程均存在湿地恢复建设内容，共计 25 项子项目涉及生物多样性保护指标。注重提高生物多样性维持能力，以湿地生态功能恢复为重点，省林业和草原局、生态环境厅等部门强化对生物多样性保护绩效目标完成的推进指导，目前20个项目完成2项生物多样性保护类生态绩效目标核算。累计完成湿地保护修复面积10 488.17 $hm^2$，重点湿地生态功能有效恢复，部分受损生境得到恢复与重建，自然保护区能力建设水平得到提升；项目实施区域内重点保护动植物资源的保护率达到100%，实现了受损生存环境的恢复与重建和重点保护动植物资源保护的全覆盖。

结合子项目工程复核报告、绩效目标核算报告、竣工验收报告数据对比分析，对完成湿地修复绩效指标进行评估。根据数据分析，鹤岗市2个子项目共完成湿地保护修复3 640.75 $hm^2$，伊春市6个子项目共完成湿地保护修复673.63 $hm^2$，佳木斯市5个子项目完成湿地保护修复5 353.62 $hm^2$，七台河市5个子项目完成湿地保护修复810.79 $hm^2$，双鸭山市2个子项目完成湿地保护修复101.27 $hm^2$，总计完成湿地保护修复面积为10 488.17 $hm^2$，超额完成湿地保护修复6 000 $hm^2$的目标值。其中，绥滨两江湿地保护与恢复工程完成恢复湿地3 600 $hm^2$、黑瞎子岛国家级自然保护区自然湿地生态保护项目保护修复湿地3 100 $hm^2$、三江平原湿地保护与恢复工程恢复湿地2 034 $hm^2$。

通过18项涉及湿地保护修复工程绩效的子项目和黑龙江抚远段鲟鳇鱼种质资源保存工程、富锦市林木种质库资源保护工程2个子项目的建设，项目区内东北虎、东方白鹳、丹顶鹤等重要动植物资源得到有效保护，鲟鳇鱼种质资源得到保护，秋沙鸭栖息地得到修复治理，生物多样性维持能力逐渐提高。

## 3.5 小 结

通过开展小兴安岭-三江平原区域山水林田湖草生态保护修复工程，区域生态安全屏障功能得到全面提升，《实施方案》目标任务完成、资金使用及项目建设情况总体较好。

在目标完成情况方面，通过实施森林保护修复、矿山环境治理恢复、土地整治与修复、生物多样性保护、水环境保护治理、监管能力提升六大类工程，小兴安岭-三江平原生态环境质量总体得到改善，主要污染物排放总量减少，生物多样性保护加强，生态系统服务功能稳定提高，生态安全屏障地位进一步巩固，生态保护修复体制机制逐步完善。具体指标完成率高，4 类共计 15 项生态环境考核指标中均已完成，其中新增林草保护修复面积、新增矿山保护修复面积、新增水土流失保护治理面积、氨氮削减、COD 削减、总磷削减、新增高标准农田建设、湿地保护修复等指标均明显超额完成。

绩效完成方面，通过调查评估，54 项工程完成了工程效益生态目标，其中有 21 项工程超额完成效益目标，包括小兴安岭腹地南北山林缘交错带生态修复工程、小兴安岭腹地南山植被恢复与保护工程、七台河市废弃煤矿矿山恢复治理工程、倭肯河流域七台河段破损山体生态修复工程、三江平原土地整治高标准农田项目、佳木斯市内河区域环境治理工程等。

有 8 项工程未完成预期生态效益生态目标，包括小兴安岭腹地北山植被恢复与保护工程，该项目受耕地进出平衡政策影响未能完成效益目标；勃利县吉兴河流域生态修复工程因 30 余 $hm^2$ 湿地被农民开垦为耕地，项目建设方与村民协调未达成，待后续实施整改工作，因此未完成湿地修复 50 $hm^2$ 的绩效目标。七台河市倭肯河流域城区下游段生态保护与修复工程恢复林地 63.93 $hm^2$，未完成恢复林地 100 $hm^2$ 的效益指标，其他项生态效益超额完成。双鸭山市马蹄河水体水质提升工程主体工程完工，尚未完成生态绩效目标核算；依兰县污水处理厂二期扩建工程、宝清县宝清镇饮用水水源地一级保护区整改工程实际完成效益目标与原设定目标有差距。哈尔滨化工产业园污水处理工程、双鸭山经济技术开发区污水处理厂及中水回用工程未投产使用，待污水管线接通后产生污染物削减生态效益。

# 第 4 章

# 区域生态环境质量调查

# 4.1 土地利用类型变化

## 4.1.1 土地利用/覆被类型总体变化

土地利用数据集获取自地球资源数据云提供的中国土地利用遥感监测数据。该数据集以 Landsat TM/ETM/OLI 遥感影像为主要数据源，经过影像融合、几何校正、图像增强与拼接等处理后，通过人机交互目视解译的方法开展全国土地利用类型划分，数据质量较好。该数据土地利用类型包括耕地、林地、草地、水域、居民地和未利用土地 6 个一级类型及 25 个二级类型。本项目湿地数据主要是由一级类型“04 水域”下的二级类型“45 滩涂”“46 滩地”和一级类型“06 未利用土地”下的二级类型“64 沼泽地”构成。通过调查分析，获取项目区 2018 年和 2022 年包含 7 类（耕地、林地、草地、建设用地、水体、湿地、裸地）的土地利用/覆被类型分布图（图 4-1、图 4-2）；由于裸地所占比例较小，被忽略不计，其他各类土地利用/覆被类型所占百分比统计结果如表 4-1 所示。

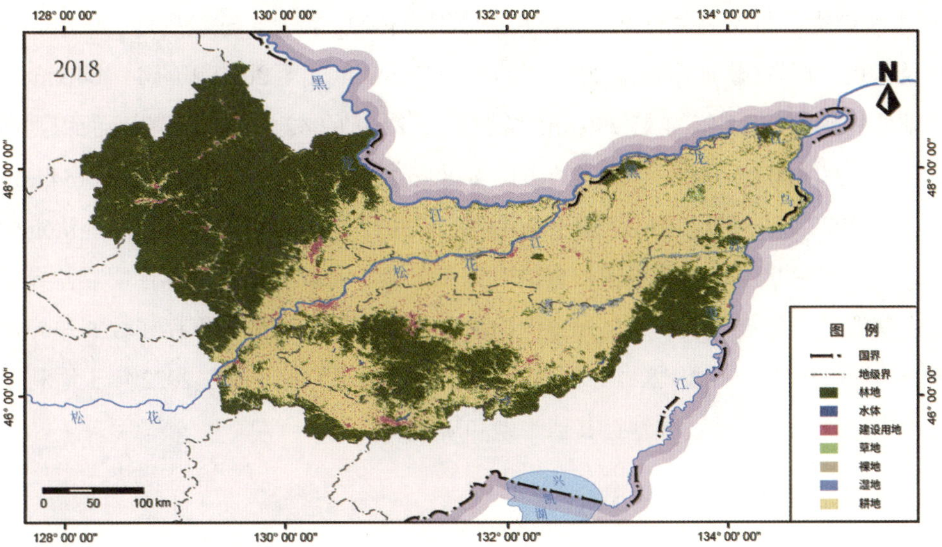


图 4-1 2018 年项目区土地利用/覆盖类型

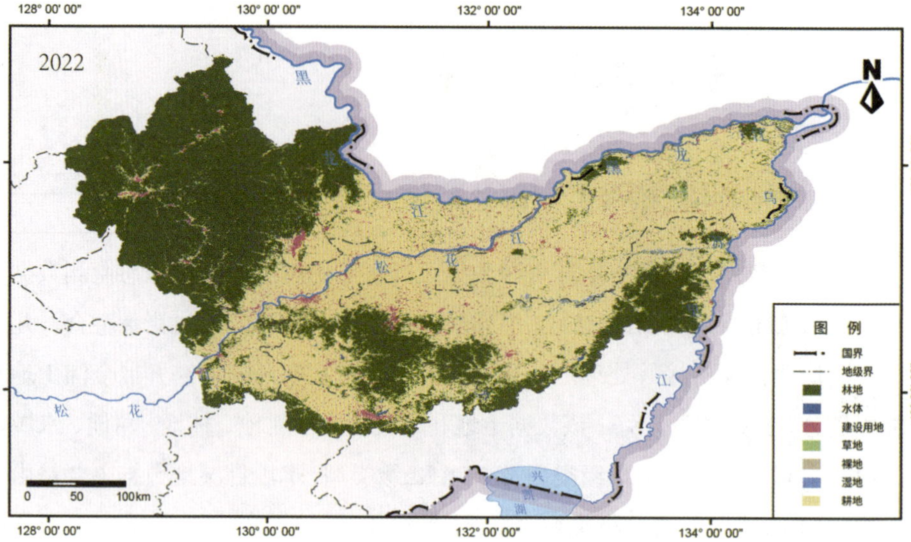


图 4-2　2022 年项目区土地利用/覆盖类型

依据黑龙江省自然资源厅提供的 2018 年和 2022 年佳木斯市、鹤岗市、双鸭山市、七台河市、伊春市、哈尔滨依兰县土地利用现状矢量数据，经过统计项目区各类土地利用/覆被类型的面积及占比（表 4-1），项目区 2018 年和 2022 年土地利用/覆被类型面积最大的为耕地，其次分别为林地、湿地、建设用地、草地、水体及裸地。项目区耕地面积由 2018 年的 43 957 $km^2$ 增加至 2022 年的 44 464 $km^2$；林地面积则由 2018 年的 41 790 $km^2$ 增加至 2022 年的 42 174 $km^2$；草地面积则由 2018 年的 2 150 $km^2$ 减少至 2022 年的 1 858 $km^2$；湿地面积由 2018 年的 8 154 $km^2$ 减少至 2022 年的 7 470 $km^2$。由于 2018 年和 2022 年土地利用数据在湿地认定标准、调查对象尺度、遥感影像数据的时期和时相、基础底图尺度存在明显差异以及有些湿地已经被开发利用，导致两次调查得到的区域湿地数据存在较大差异，2018 年中的部分沼泽湿地、河流湿地、人工湿地和湖泊湿地，在 2022 年土地利用数据中已经变为草地、林地、其他土地和耕地。

表 4-1　项目区 2018 年和 2022 年各类土地利用/覆被类型的面积及占比

| 类别 | 面积/$km^2$ | | 占比/% | |
|---|---|---|---|---|
| | 2018 年 | 2022 年 | 2018 年 | 2022 年 |
| 耕地 | 43 957 | 44 464 | 44.1 | 44.6 |
| 林地 | 41 790 | 42 174 | 41.9 | 42.3 |
| 草地 | 2 150 | 1 858 | 2.2 | 1.9 |
| 建设用地 | 2 088 | 2 137 | 2.2 | 2.2 |
| 水体 | 1 553 | 1 589 | 1.6 | 1.6 |
| 湿地 | 8 154 | 7 470 | 8.2 | 7.5 |

2018—2022 年，项目区林地面积由 41 790 $km^2$ 增加至 42 174 $km^2$，例如，林地增加最显著的地方发生在小兴安岭生态安全屏障，该部分区域主要实施工程有小兴安岭腹地南山植被恢复与保护工程、小兴安岭腹地北山植被恢复与保护工程、小兴安岭腹地南北山林缘交错带生态修复工程、伊春市原伊翠铁路生态修复工程等。

草地面积整体有所减少，局部草地增加最显著的地方发生在三江平原湿地生物多样性保护区，该部分区域主要实施工程有富锦市挠力河流域富锦片区水土流失治理工程等。

## 4.1.2　区域植被特征与水文过程影响

### 4.1.2.1　区域植被类型与分布特征

植被指数是反映绿色植被相对丰度和活性的辐射量化值，常被用于表征研究区域的植被生理状况、绿色生物量及植被生产力等。在植被遥感中，归一化差值植被指数（Normalized Difference Vegetation Index，NDVI）则是用于植被评估的最流行的指数，可以用来定性和定量评价植被覆盖、密度及其生长活力和健康状况。

NDVI 的计算涉及红光波段和近红外波段的反射值。通常使用以下公式来计算 NDVI：

$$\mathrm{NDVI}=\frac{\rho_{\mathrm{NIR}}-\rho_{\mathrm{RED}}}{\rho_{\mathrm{NIR}}+\rho_{\mathrm{RED}}}$$

式中，NIR —— 近红外波段的反射值；

RED——红光波段的反射值。

NDVI 取值在−1～1，对于陆地表面主要覆盖而言，云、水、雪在可见光波段比近红外波段有较高的反射作用，因而其 NDVI 值为负值（<0）；岩石、裸土在两波段有相似的反作用，因而其 NDVI 值近于 0；而在有植被覆盖的情况下，NDVI 为正值（>0），且随植被覆盖度的增大而增大。几种典型的地面覆盖类型在大尺度 NDVI 图像上区分鲜明，植被得到有效的突出。因此，NDVI 特别适用于全球或各大陆等大尺度的植被动态监测。

基于中分辨率成像光谱仪（MODIS）提供的归一化植被指数 MOD13A1 产品，在 250 m 空间分辨率尺度上，开展了研究区长时间序列的植被状况监测及评估工作。数据处理工作主要包括原始数据的下载、原始 netCDF4 数据格式转换为 geoTIFF 格式、单幅影像数据异常值插补、多幅影像合并、按照研究区范围批量裁剪、投影转换等工作。最终，获得了研究区从 2018 年 2 月至 2022 年 12 月的逐月区域 NDVI 栅格数据（geoTIFF 格式），数据空间分辨率为 1 km，地理坐标系为 WGS_1984，处理后数据总量约为 5 GB。

2018—2022 年项目区 NDVI 时间序列变化如图 4-3 所示。可以看出，近 5 年区域 NDVI 值总体上也呈现增加的态势，区域 NDVI 由 2018 年的 0.408 快速增加至 0.429，而在 2021—2022 年的区域 NDVI 虽然比 2020 年低，但仍高于 2018 年的区域 NDVI 值。

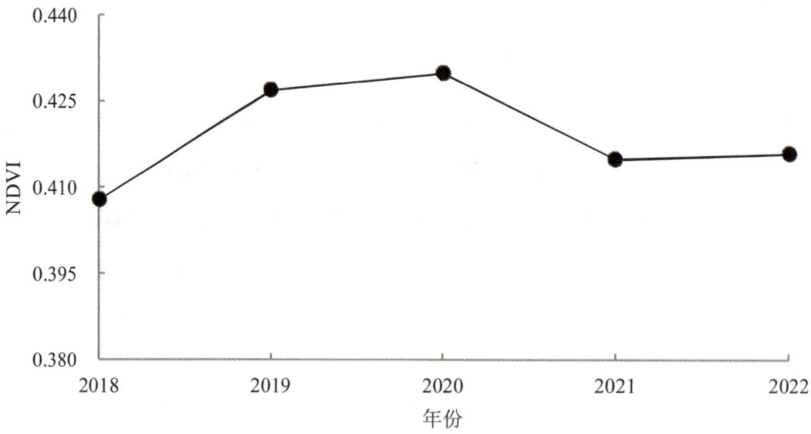


图 4-3　2018—2022 年项目区 NDVI 时间序列变化

小兴安岭-三江平原区域在 2018 年和 2022 年 NDVI 的空间分布格局，结果如图 4-4 和图 4-5 所示，图 4-6 显示了小兴安岭-三江平原区域在这两个时期的 NDVI 空间分布差异。可以看出，相较 2018 年，在 2022 年小兴安岭-三江平原区域内小兴安岭生态安全屏障、松花江水土污染防控带、完达山生态安全屏障等区域的 NDVI 主要呈现增加的特征，而具有减少趋势的区域主要集中在下垫面为耕地类型的区域，如建三江农耕区域。

对项目区内 2022 年植被覆盖进行分析，区域植被共分为阔叶林、针叶林、针阔混交林、灌木林、草原、草甸、草丛以及湿地等类，项目区内三江平原以农业种植为主，植被类型上主要为草甸、草地，小兴安岭以针阔叶林为主，具体植被分布见图 4-7。

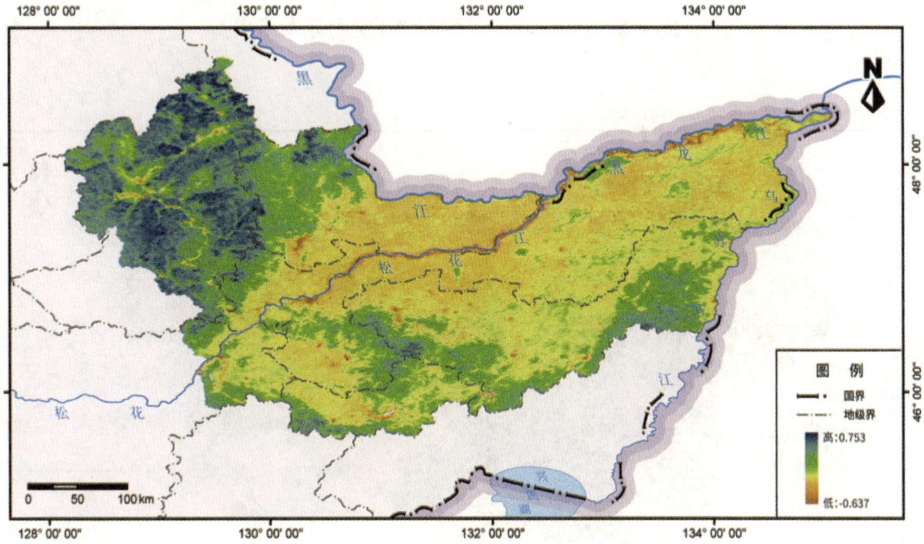


图 4-4 2018 年项目区 NDVI 空间分布格局

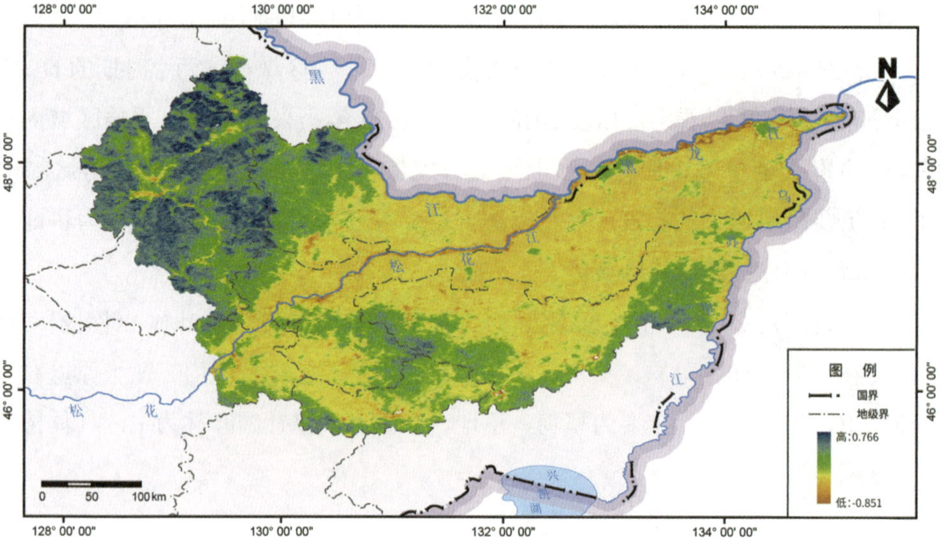


图 4-5　2022 年项目区 NDVI 空间分布格局

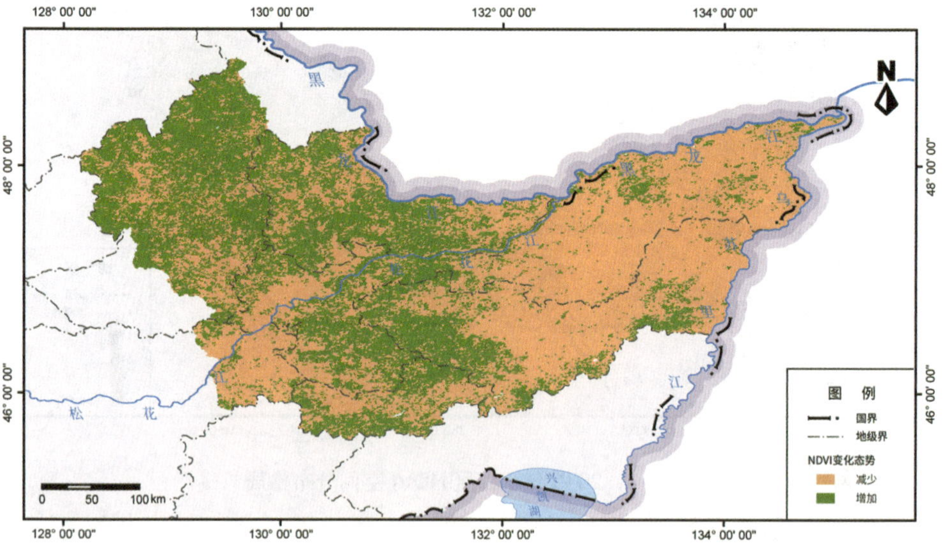


图 4-6　2018 年及 2022 年项目区 NDVI 空间变化分布情况

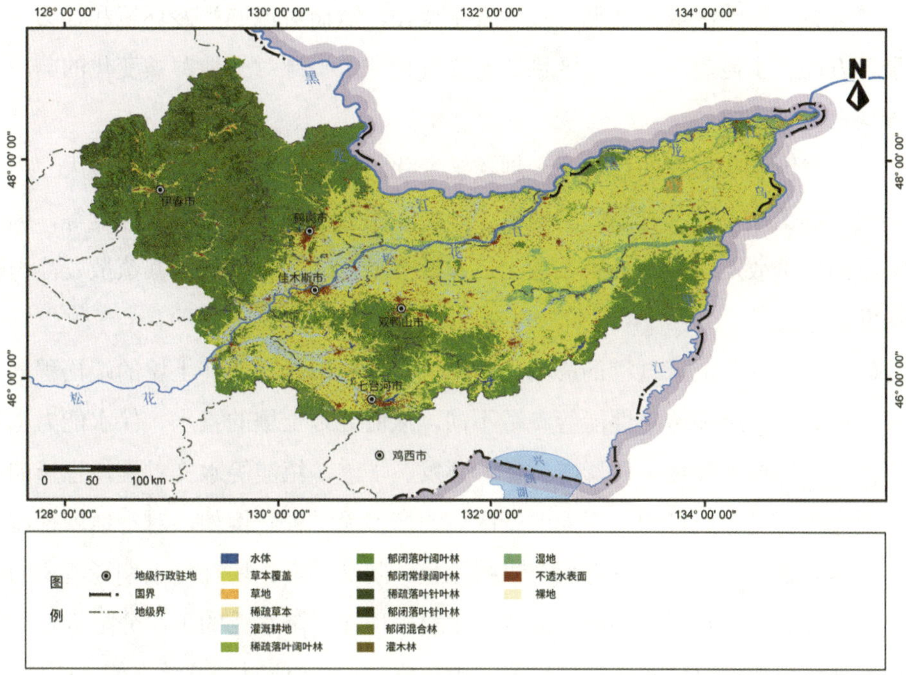


图 4-7　项目区植被类型

解译数据表明，项目区内植被面积 48 905.67 km$^2$，植被覆盖率为 49.10%。项目区以阔叶林为主要植被类型，占区域植被总面积的 54.28%，广泛分布于项目区，主要集中在区域内小兴安岭中部、南部完达山水系以及区域东部；其次为针叶林，占区域植被总面积的 16.99%，其中落叶针叶林占 14.45%，主要零散分布于小兴安岭北坡和西坡，常绿针叶林占 2.53%，主要分布于完达山东南部；针阔混交林占区域植被总面积的 13.63%，主要分布于小兴安岭南坡。湿地植被占区域植被总面积的 12.28%，其中草本湿地是湿地的主要植被类型占区域植被总面积的 11.67%，主要分布于松花江、挠力河沿岸，七星河湿地公园等，森林湿地占 0.08%，分布于小兴安岭北部阔叶林河流两岸，灌丛湿地占 0.53%，零散分布于区域内松花江中游段河岸。草原、草甸和草丛占区域植被面积较小，不足 3%。

#### 4.1.2.2　水文过程对不同土地覆被类型变化的响应

土地覆被变化是影响水文水资源发展态势的主要因素之一，直接体现了人类活动的影响水平。其对水文过程的影响主要表现为对水质水量、径流流量等方面，最终结果直接导致区域水文循环过程发生变化，从而对流域生态环境和社会经济发展等方面产生显著的影响。区域的水文过程和水资源对土地覆被变化的响应主要表现在两个方面：

（1）对区域蒸散发的影响。土地覆被变化对区域的蒸散发量影响极大。由于不同类型的土地覆被具有不同的植被、叶面积指数、反照率及根系深度等，因而具有不同的蒸散发速率。当区域的土地覆被类型发生变化之后，其蒸散发能力也相应发生变化。

（2）对区域产汇流过程的影响。不同的土地覆被状况，其土壤的疏松程度、物理结构、孔隙度和透水性能等参数不同，从而导致土壤的蓄水、保水能力也有所不同。土地覆被变化不仅影响截留、蒸发、下渗、填洼等水文过程，也影响出水口断面的流量形成过程，继而改变区域的产汇流过程。例如，对于地表径流来讲，乔木林地类型对径流具有调节洪峰流量、削减洪峰、增补枯水期径流量的作用，对年径流的影响受多种因素制约，主要表现在对降水量的再次分配方面。乔木林地通过增加调节分配和增加径流的年径流量，来实现对径流蓄水能力的调节。当枯水期来临时，如果河流上游的地下水位高于地表水位，乔木林地会将所蓄含的水量及时补给河流。而河段中游的地下水与地表水可相互补充；当丰水期地表水位高于地下水位时，地表水可对地下水进行补充，当枯水期来临时，地下水又可对地表水进行补给，调节河道径流量。与乔木林地类似，灌木草地也通过蓄含降水，对径流有着调节作用。对于河流中上游地区，灌木草地可增加降雨的入渗量，增加河流枯水期的地表径流量，对于减少土壤侵蚀、洪峰流量和增加河流的基流量有着重要的影响；对于河流下游地区，草地则有着减少河流年径流量的作用。而耕地类型，一方面，会使降水入渗量对地下水的补给减少，而增大地表径流流量，从而导致水旱灾害的频繁发生。另一方面，耕地数量的增加会加大该地区对水资源的需求量，大量的耕地会使地表水和地下水的开采使用量增加，会引起河流流量减少，地下水水位降低许多等水资源问题。

由美国国家航空航天局（NASA）以及德国宇航中心（DLR）联合发射的重力恢复及气候实验任务卫星（Gravity Recovery and Climate Experiment，GRACE），因其能够探测到包括表层及深层洋流、地表及地下径流、地球内部质量变化、冰川（冰盖）与海洋间的物质交换等成分在内的重力场变化，从而作为一种高精度的新型遥感监测工具，以前所未有的精度为估算区域水储量变化提供了一种全新的途径。该卫星于 2002 年 3 月发射，一直超期服役到 2017 年坠毁。后继卫星为 GRACE-FO，于 2018 年发射，服役至今。

基于GRACE-FO提供的全球陆地水储量变化产品，在0.5°空间分辨率尺度上，开展了研究区 2018 年 6 月至 2022 年 12 月的区域水储量变化评估工作。数据处理工作主要包括原始数据的下载、原始 netCDF4 数据格式转换为 geoTIFF 格式、按照研究区范围批量裁剪、投影转换、网格数据增益拟合等工作。最终，获得了研究区从 2018 年 6 月至 2022 年 12 月的逐月区域陆地水储量变化栅格数据（geoTIFF 格式），数据空间分辨率为 0.5°，地理坐标系为 WGS_1984。

小兴安岭-三江平原区域 2018—2022 年区域陆地水储量逐月变化序列结果如图 4-8 所示。可以看出，小兴安岭-三江平原区域在近 5 年，区域陆地水储量变化呈现明显的增加趋势：从 2018 年 6 月至 2020 年 9 月，区域陆地水储量变化呈现显著波动上升的趋势，在 2020 年 9 月，区域陆地水储量变化达到这一时期的最高水平，相较 2018 年，至 2020 年区域陆地水储量变化增加了约 69 mm，此后，区域陆地水储量虽略有减少，但仍高于 2018 年的区域平均水平。以上结果表明，区域水资源储量在 2018 年之后显著增多。

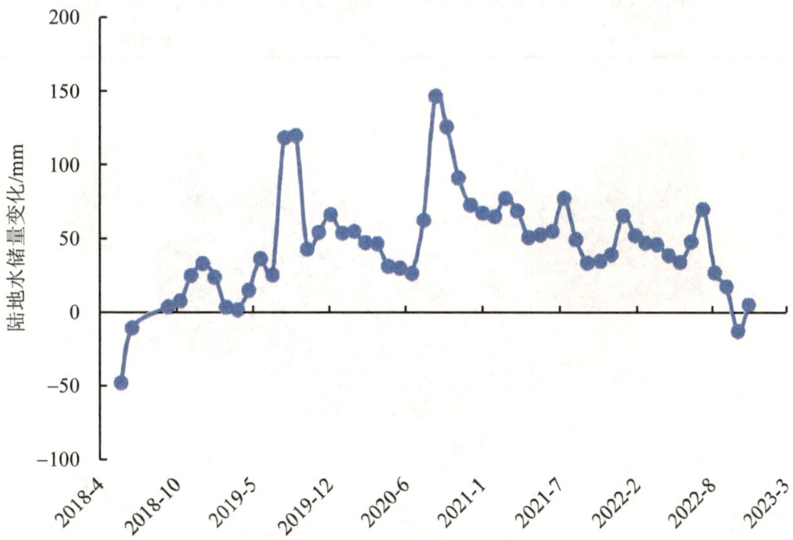


图 4-8　2018—2022 年项目区陆地水储量逐月变化序列

小兴安岭-三江平原区域在2018年和2022年陆地水储量变化情况的空间分布格局，结果如图4-9和图4-10所示。可以看出，在两个时期，区域水储量变化呈现明显增加趋势的区域都主要集中在小兴安岭区域内，且相较2018年，在2022年小兴安岭区域水储量增加趋势更加显著，而区域中部例如松花江水土污染防控带、完达山生态安全屏障等区域的水储量变化情况也呈现明显增加态势。

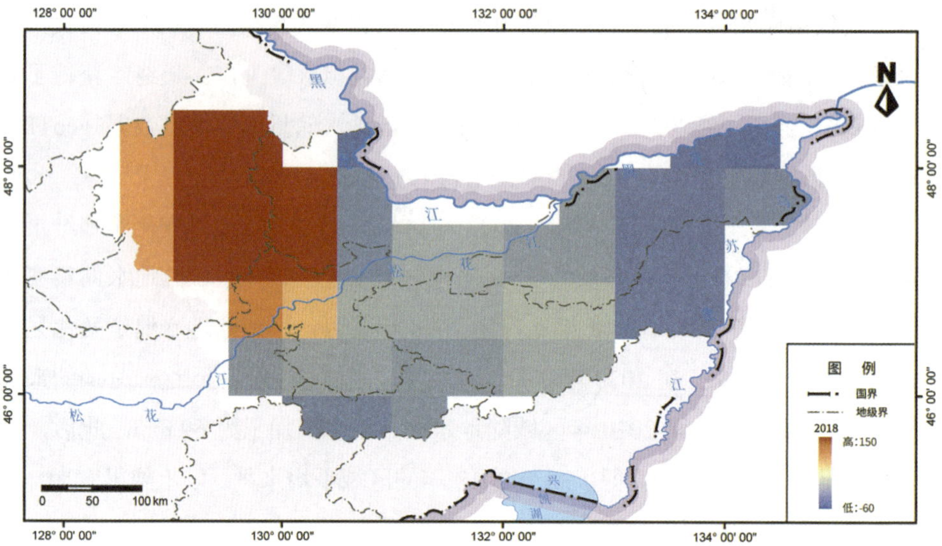


图4-9　2018年项目区陆地水储量变化年平均值空间分布格局

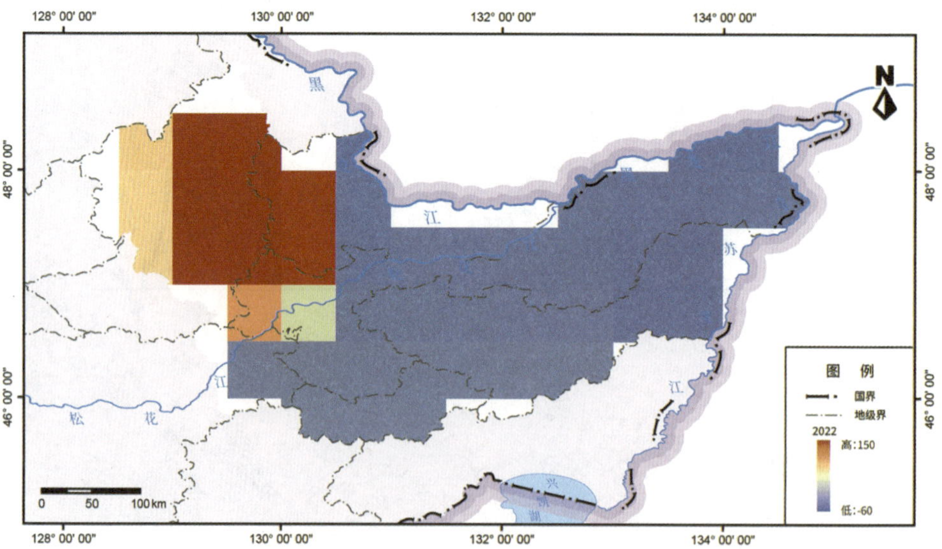


图4-10　2022年项目区陆地水储量变化年平均值空间分布格局

## 4.1.3 区域初级生产力情况

### 4.1.3.1 评价方法

植被净初级生产力（Net Primary Production，NPP）是绿色植被通过光合作用所积累的碳总量，是陆地生态系统持续健康发展的能量基础，它直接或间接地支持着多种生命体的生存与多样性、维持着各种生态过程的有效运转和生态系统服务的生产。因此，NPP 作为生态系统所获取的太阳能的度量，驱动着生态系统功能的发挥，支持着许多生态系统服务的生产过程。因此，利用遥感植被指数与环境变量因子构建的 NPP 数据是评估大尺度生态状况的关键指标。

本次研究通过对 1 km 的年 NPP 产品（MOD17A3）数据进行投影转换、重采样、数据格式转换、影像裁剪与拼接等预处理，得到项目区 MODIS NPP 2000—2022 年值数据集。利用 NPP 与环境变量因子建立的因果关系法评估模型，作为综合替代指标来进行项目区生态系统服务重要性和生态敏感性评价。其中，生态系统服务重要性评价主要包括水土保持和水源涵养 2 种生态系统服务重要性评价。这 2 种生态系统服务重要性评价结果使用自然断点法对其进行 5 级分类，将其重要性由低到高依次划分为 5 个重要性级别，即一般重要、较重要、中等重要、高度重要、极重要，显示了本项目采用的生态系统服务重要性评价指标及计算方法，见表 4-2。

表 4-2 生态系统服务重要性评价方法

| 评价类型 | 计算公式 | 参数 |
|---|---|---|
| 水土保持重要性 | $NPP_{mean}\times(1-K)\times(1-F_{slo})$ | $NPP_{mean}$ 为年平均植被净初级生产力，$K$ 为土壤可蚀性，$F_{pre}$ 为降水量，$F_{slo}$ 为坡度，$F_{sic}$ 为土壤渗流 |
| 水源涵养重要性 | $NPP_{mean}\times F_{sic}\times F_{pre}\times(1-F_{slo})$ | |

#### 4.1.3.2 净初级生产力变化特征

小兴安岭-三江平原区域2018—2022年NPP时间序列变化结果如图4-11所示。可以看出，小兴安岭-三江平原区域在2018—2022年，NPP变化呈现先减小后增加的趋势，2020年之后，区域NPP显著增加。其中，2018年区域平均NPP值约为474.0 gC/（$m^2$·a）。而在2022年，区域平均NPP达到了最高值，约为480.5 gC/（$m^2$·a）。

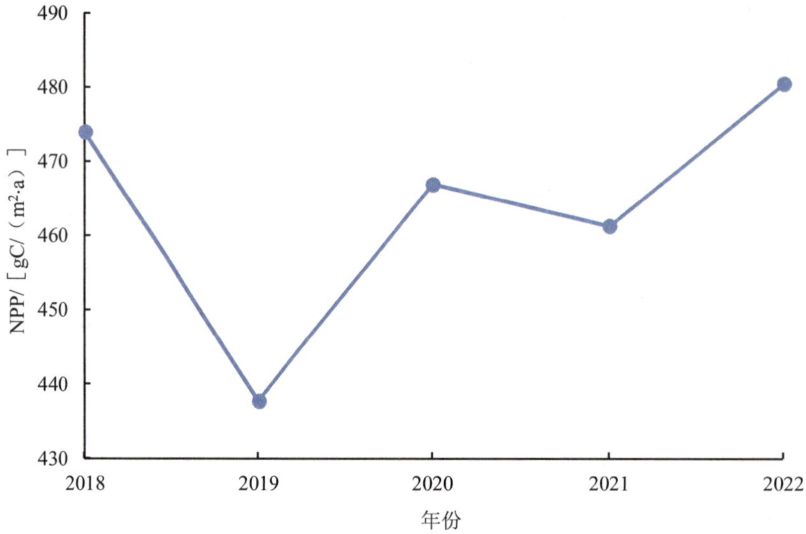


图4-11 小兴安岭-三江平原区域2018—2022年NPP时间序列变化情况

小兴安岭-三江平原区域在2018年和2022年NPP的空间分布格局，结果如图4-12和图4-13所示，图4-16和图4-17显示了小兴安岭-三江平原区域在这两个时期的NPP空间分布差异。可以看出，相较2018年，小兴安岭-三江平原区域在2022年，大部分区域（约占总面积的86%）的NPP呈增加的特征，而有约14%的区域NPP呈现减小的特征。此外，可以看到在小兴安岭生态安全屏障、松花江水土污染防控带、完达山生态安全屏障区域范围内NPP主要呈现增加的特征，而具有减少趋势的区域主要集中在三江平源湿地生物多样性保护区。

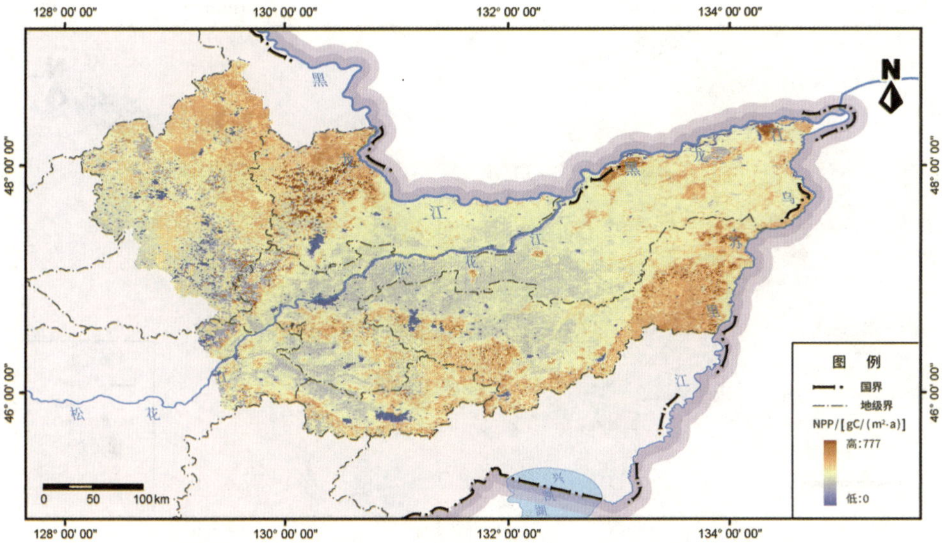


图 4-12 小兴安岭-三江平原区域 2018 年 NPP 空间格局

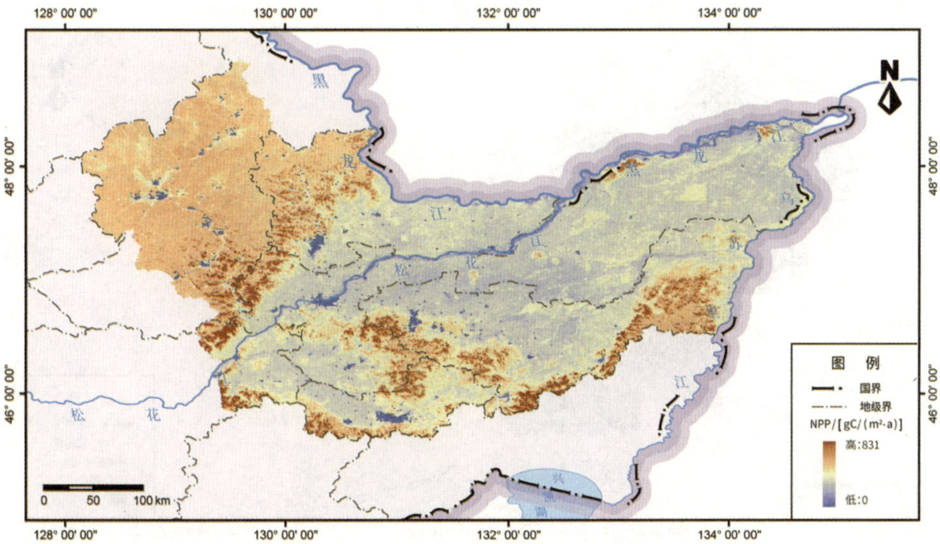


图 4-13 小兴安岭-三江平原区域 2022 年 NPP 空间格局

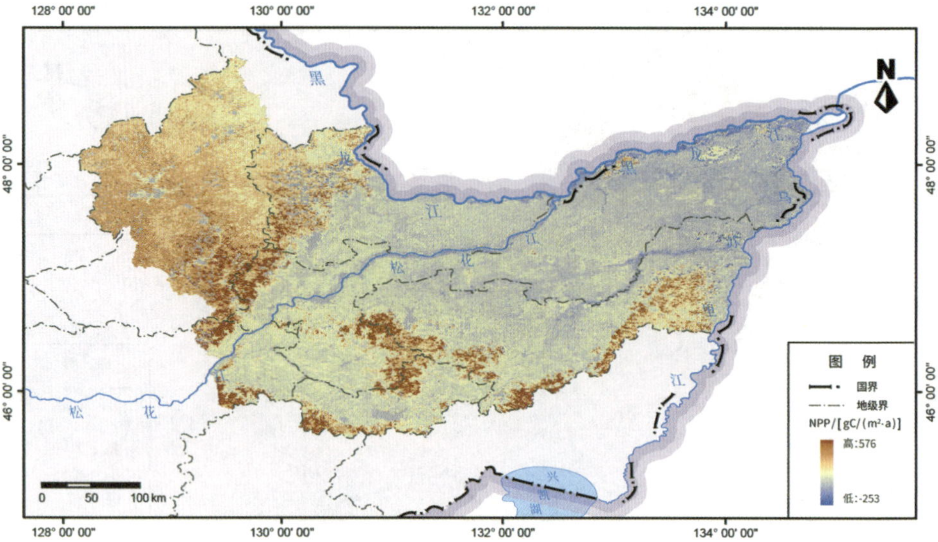


图 4-14　小兴安岭-三江平原区域两个时期 NPP 变化差异值空间格局

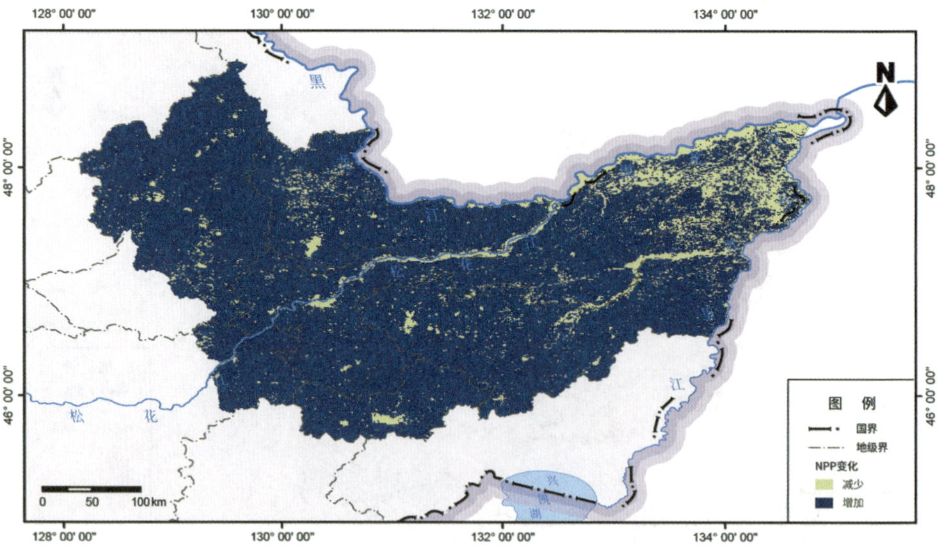


图 4-15　小兴安岭-三江平原区域两个时期 NPP 变化空间情况

# 4.2 水环境质量变化

## 4.2.1 水环境总体质量变化

项目区地表水丰富，监测断面较多（图 4-16），根据项目区内各地市提供的《2018—2022 年生态环境质量公报》和《2018—2022 年生态环境质量报告书》及项目区内国控考核断面水质监测结果，2018—2022 年项目区内监测断面数量由 17 个增长至 42 个，监测断面和水质类别见表 4-3。2018—2022 年，河流水系水质状况总体轻度污染，项目区国控断面达到或优于Ⅲ类水体比例占比由 41.2%增长至 74.4%，国控断面劣Ⅴ类水体清零，见图 4-17。

图 4-16 项目区水质监测断面位置

表 4-3　2018—2022 年项目区内国控断面水质类别

| 地市名称 | 断面名称 | 水系名称 | 水质类别 | | | | | 备注 |
|---|---|---|---|---|---|---|---|---|
| | | | 2018 年 | 2019 年 | 2020 年 | 2021 年 | 2022 年 | |
| 佳木斯市 | 别拉洪村 | 乌苏里江水系 | — | — | — | Ⅳ类 | Ⅳ类 | |
| | 抚远 | 黑龙江水系 | Ⅳ类 | Ⅳ类 | Ⅳ类 | Ⅳ类 | Ⅳ类 | |
| | 富锦下 | 松花江水系 | — | — | — | Ⅲ类 | Ⅲ类 | |
| | 佳木斯下 | 松花江水系 | Ⅲ类 | Ⅲ类 | Ⅲ类 | Ⅲ类 | Ⅲ类 | |
| | 莲花河八屯闸 | 黑龙江水系 | — | — | — | Ⅳ类 | Ⅳ类 | |
| | 浓江乡 | 黑龙江水系 | — | — | — | Ⅳ类 | Ⅳ类 | |
| | 松花江口下 | 黑龙江水系 | — | — | — | Ⅲ类 | Ⅲ类 | |
| | 汤旺河口内 | 松花江水系 | Ⅳ类 | Ⅳ类 | Ⅲ类 | Ⅲ类 | Ⅲ类 | 佳木斯市、伊春市共考 |
| | 同江 | 松花江水系 | Ⅲ类 | Ⅲ类 | Ⅲ类 | Ⅳ类 | Ⅲ类 | 佳木斯市、鹤岗市共考 |
| | 乌苏镇 | 乌苏里江水系 | Ⅲ类 | Ⅲ类 | Ⅲ类 | Ⅲ类 | Ⅲ类 | |
| 双鸭山市 | 宝清大桥 | 乌苏里江水系 | Ⅲ类 | Ⅲ类 | Ⅲ类 | Ⅲ类 | Ⅲ类 | 双鸭山市、七台市河共考 |
| | 寒葱沟水库坝下 | 松花江水系 | — | — | — | Ⅲ类 | Ⅲ类 | |
| | 挠力河口内 | 乌苏里江水系 | Ⅳ类 | Ⅲ类 | Ⅲ类 | Ⅲ类 | Ⅲ类 | 佳木斯市、双鸭山市共考 |
| | 炮台亮子 | 乌苏里江水系 | — | — | — | Ⅳ类 | Ⅳ类 | |
| | 饶河上 | 乌苏里江水系 | Ⅲ类 | Ⅲ类 | Ⅲ类 | Ⅲ类 | Ⅲ类 | |
| | 兴农排灌站 | 松花江水系 | Ⅳ类 | Ⅳ类 | Ⅳ类 | Ⅳ类 | Ⅳ类 | |
| 鹤岗市 | 名山 | 黑龙江水系 | Ⅳ类 | Ⅳ类 | Ⅳ类 | Ⅱ类 | — | |
| | 向阳林场 | 黑龙江水系 | — | — | — | Ⅲ类 | Ⅲ类 | |
| | 嘟噜河萝北县 | 松花江水系 | — | — | — | Ⅲ类 | Ⅲ类 | |
| | 三股流 | 松花江水系 | — | — | — | Ⅴ类 | Ⅳ类 | |
| | 五库出口 | 松花江水系 | — | — | — | Ⅲ类 | Ⅲ类 | |
| | 松花江口上 | 黑龙江水系 | Ⅳ类 | Ⅳ类 | Ⅲ类 | Ⅲ类 | Ⅲ类 | |
| | 绥滨入 | 松花江水系 | — | — | — | Ⅲ类 | Ⅲ类 | |
| | 梧桐河口内 | 松花江水系 | Ⅳ类 | Ⅳ类 | Ⅲ类 | Ⅲ类 | Ⅲ类 | |

| 地市名称 | 断面名称 | 水系名称 | 水质类别 | | | | | 备注 |
|---|---|---|---|---|---|---|---|---|
| | | | 2018年 | 2019年 | 2020年 | 2021年 | 2022年 | |
| 伊春市 | 巴兰河带岭区 | 松花江水系 | — | — | — | Ⅲ类 | Ⅱ类 | |
| | #晨明 | 松花江水系 | — | — | — | Ⅳ类 | Ⅳ类 | |
| | 大丰河桥 | 松花江水系 | — | — | — | Ⅱ类 | Ⅱ类 | |
| | #渡口贝雷钢桥* | 松花江水系 | — | — | — | Ⅳ类 | Ⅲ类 | |
| | 嘉荫河大桥 | 黑龙江水系 | — | — | — | Ⅲ类 | Ⅲ类 | 鹤岗市、伊春市共考 |
| | #友好* | 松花江水系 | Ⅳ类 | Ⅴ类 | Ⅳ类 | Ⅴ类 | Ⅲ类 | |
| | 育林大桥 | 松花江水系 | — | — | — | Ⅳ类 | Ⅳ类 | |
| | #苗圃* | 松花江水系 | — | — | — | Ⅲ类 | — | |
| | #挡石河冲锋桥** | 松花江水系 | — | — | — | Ⅱ类 | — | |
| | 西南岔河 | 松花江水系 | — | — | — | Ⅲ类 | Ⅲ类 | |
| 七台河市 | 抢肯 | 松花江水系 | 劣Ⅴ类 | Ⅳ类 | Ⅳ类 | Ⅳ类 | Ⅲ类 | |
| | 桃山水库 | 松花江水系 | — | — | — | Ⅳ类 | Ⅲ类 | |
| | 二十二连 | 松花江水系 | — | — | — | Ⅳ类 | Ⅲ类 | |
| | 龙头桥水库库尾 | 乌苏里江水系 | — | — | — | Ⅳ类 | Ⅳ类 | |
| 依兰县 | 宏克利（佳木斯上） | 松花江水系 | Ⅲ类 | Ⅲ类 | Ⅲ类 | Ⅲ类 | Ⅲ类 | |
| | 牡丹江口内 | 松花江水系 | Ⅲ类 | Ⅲ类 | Ⅲ类 | Ⅲ类 | Ⅲ类 | |
| | 倭肯河口内 | 松花江水系 | Ⅳ类 | Ⅴ类 | Ⅲ类 | Ⅲ类 | Ⅲ类 | 佳木斯市、七台河市、依兰县共考 |
| | 巴兰河口内 | 松花江水系 | — | — | — | Ⅱ类 | Ⅲ类 | |

注：**表示伊春市苗圃、挡石河冲锋桥2个断面和鹤岗市名山断面依据生态环境部发布《关于印发〈重点流域水生态环境保护规划〉重点任务措施清单的通知》（环办水体函〔2023〕183号）文件要求不参与考核。

*表示伊春市友好和渡口贝雷钢桥为中国环境监测总站2022年“第四批地表水国控断面环境本底判定”断面，2022年当高锰酸盐指数和化学需氧量监测结果超过Ⅲ类标准值时，以Ⅲ类标准值替代实际监测结果参与考核。

#表示2021年鹤岗市名山断面、伊春市苗圃、友好、晨明、嘉荫、育林大桥、挡石河冲锋桥和渡口贝雷钢桥断面扣除高锰酸盐指数和化学需氧量后评价结果参与考核。

数据来源：黑龙江省生态环境监测中心。

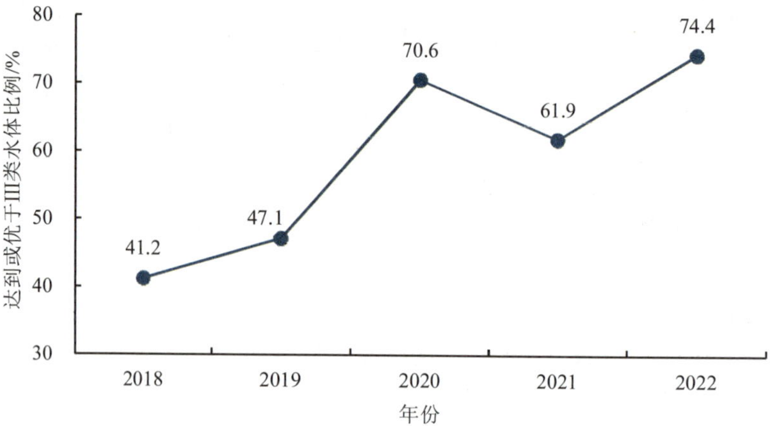


图 4-17　2018—2022 年项目区达到或优于III类水体比例

从空间上看，松花江支流汤旺河流域、黑龙江干流的局部水体水质距优良水体有一定差距。2022 年松花江干流国控断面水质全部达到III类，松花江支流汤旺河水体为Ⅴ类，主要污染指标为化学需氧量和高锰酸盐指数。对比 2018 年国控断面水质类别除伊春市汤旺河友好断面和佳木斯市乌苏里江别拉洪村断面水质变差外，其他断面水质均呈现变好趋势。

## 4.2.2　主要污染物浓度空间变化

本次研究对项目区内汤旺河、倭肯河、挠力河、鹤立河、细鳞河、梧桐河、安邦河等松花江流域主要支流及松花江干流的化学需氧量、高锰酸盐指数、总磷、总氮 4 项指标的调查数据进行统计与分析。

#### 4.2.2.1　化学需氧量空间变化特征

根据 2018—2022 年水质监测结果，小兴安岭-三江平原流域水体化学需氧量（COD）断面年平均值为 18.27 mg/L，达到地表水环境Ⅳ类标准。整体而言，COD 空间差异性显著，其相对高值区主要集中分布在汤旺河上游、倭肯河及其支流八虎力河、安邦河及松花江佳木斯市段等区域。桃山水库中的水进入倭肯河后不久，就流经七台河市区，且周围存在大量煤矿，存在人为污染入河的现象，导致倭肯河中下游 COD 含量高；安邦河上游流经双鸭山市市区，松花江佳木斯段属于省级重点开发区，工业较为发达，污染物入河现象仍然存在；汤旺河上游主要为森林，枯枝落叶带来的腐殖质是汤旺河源头水 COD 高的原因。

#### 4.2.2.2 高锰酸盐指数空间变化特征

根据 2018—2022 年水质监测结果，小兴安岭-三江平原流域水体高锰酸盐指数年均值为 5.57～9.69 mg/L，平均值为 5.85 mg/L，达到地表水环境Ⅳ类标准。整体而言，高锰酸盐指数存在空间差异性，相对高值区均主要集中分布在汤旺河上游、倭肯河及其支流、松花江水系安邦河支流、黑龙江下游等区域。

#### 4.2.2.3 总氮空间变化特征

根据 2018—2022 年水质监测结果，小兴安岭-三江平原流域水体总氮断面年平均值为 1.82 mg/L，满足地表水环境Ⅴ类标准。整体而言，总氮空间差异性显著，松花江水系总氮平均值为 2.27 mg/L，其相对高值区主要集中分布在倭肯河及其支流、汤旺河下游、松花江安邦河入河口段及以上区域，总氮高值区河流均流经开发区或者有频繁人类活动的市区；乌苏里江水系和黑龙江水系平均值为 1.43 mg/L 和 1.07 mg/L。

#### 4.2.2.4 总磷空间变化特征

根据 2018—2022 年水质监测结果，小兴安岭-三江平原流域水体总磷均值为 0.05～0.18 mg/L，平均值为 0.11 mg/L，达到地表水环境Ⅲ类标准。整体而言，总磷空间差异性显著，其相对高值区主要集中分布在松花江佳木斯市段、倭肯河及其支流及松花江与黑龙江交汇处、挠力河上游等区域。

### 4.2.3 主要污染物浓度年度变化

#### 4.2.3.1 高锰酸盐指数年度变化特征

2018—2020 年高锰酸盐指数年均监测值为 4.57～9.69 mg/L，总体而言，高锰酸盐指数浓度近 5 年总体趋势保持稳定，季节差异较大，多数断面夏季浓度偏高。部分断面如同江断面和友好断面浓度值有所增加。

选取黑龙江水系 3 个断面、乌苏里江水系 4 个断面、松花江水系（干流）3 个断面和松花江水系（支流）4 个断面作年度对比分析，见图 4-18。高锰酸盐指数浓度最大平均值为伊春市友好断面，其中，年度最大值为 2021 年的 10.90 mg/L，月度最大值为 20.3 mg/L，超Ⅲ类标准限值 2.38 倍。松花江水系其他断面高锰酸盐指数平均值为 5.84 mg/L 左右，年均浓度基本保持不变。乌苏里江水系 4 个断面高锰酸盐指数年均值在 5.80 mg/L 以下，均达到地表水III类水质标准，水质较为稳定。黑龙江水系 3 个断面高锰酸盐指数平均值为 6.35 mg/L，年均值均满足IV类标准限值。

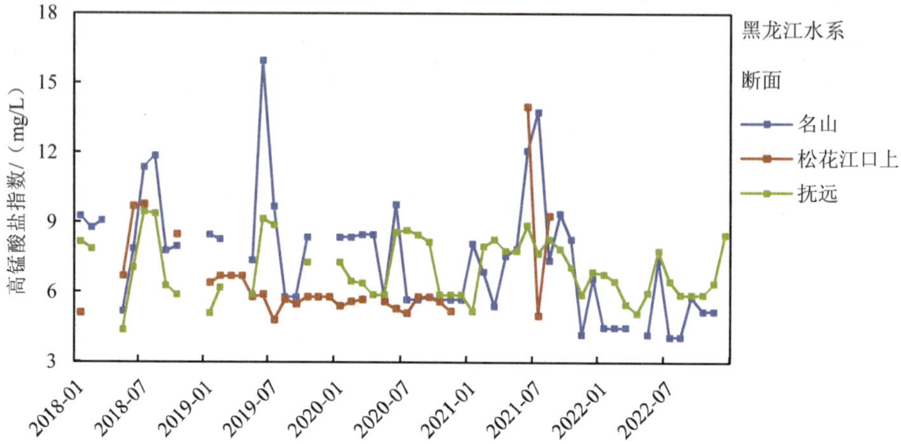


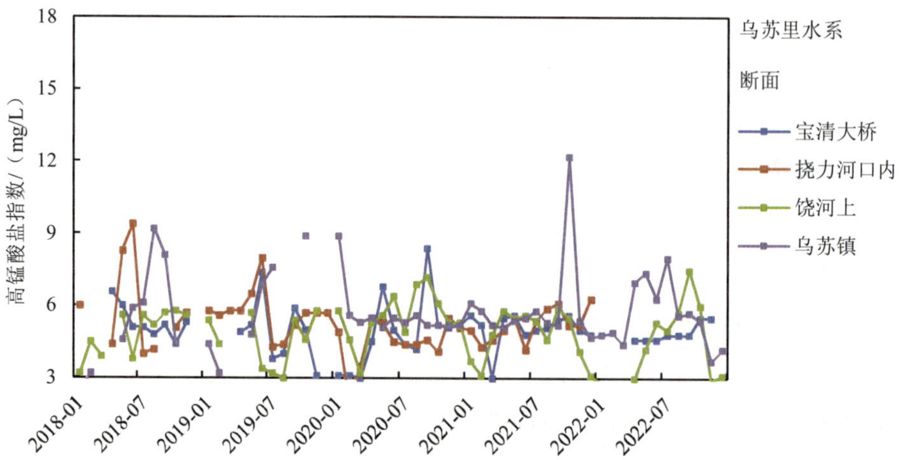

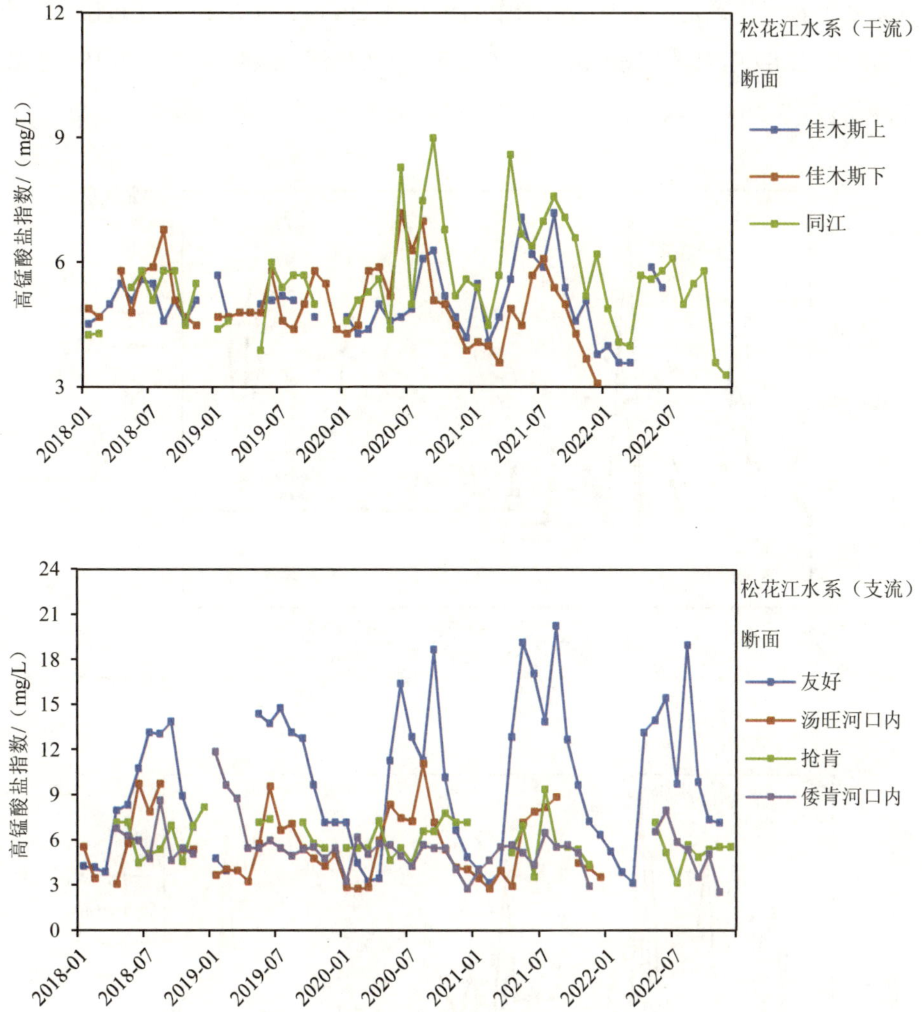


图 4-18 三大水系高锰酸盐指数年度变化特征

#### 4.2.3.2 化学需氧量年度变化特征

2018—2020 年 COD 年均监测值为 14.30～24.85 mg/L，COD 浓度近 5 年总体趋势略有下降。选取黑龙江水系 3 个断面、乌苏里江水系 4 个断面、松花江水系（干流）3 个断面和松花江水系（支流）4 个断面作年度对比分析，见图 4-19。伊春市友好断面年度平均值最大，其中年度最大值为 2018 年的 27.91 mg/L，超III类标准限值 0.40 倍。松花江水系其他断面 COD 年度平均值为 18.60 mg/L 左右，年均浓度基本保持稳定。黑龙江水系中名山断面 2021 年和 2022 年超过Ⅲ类标准，其他断面 COD 年均值均满足Ⅲ类标准限值。乌苏里江水系断面 COD 2018—2022 年年均值在 19.2 mg/L 以下，均达到地表水Ⅲ类水质标准，水质较为稳定。

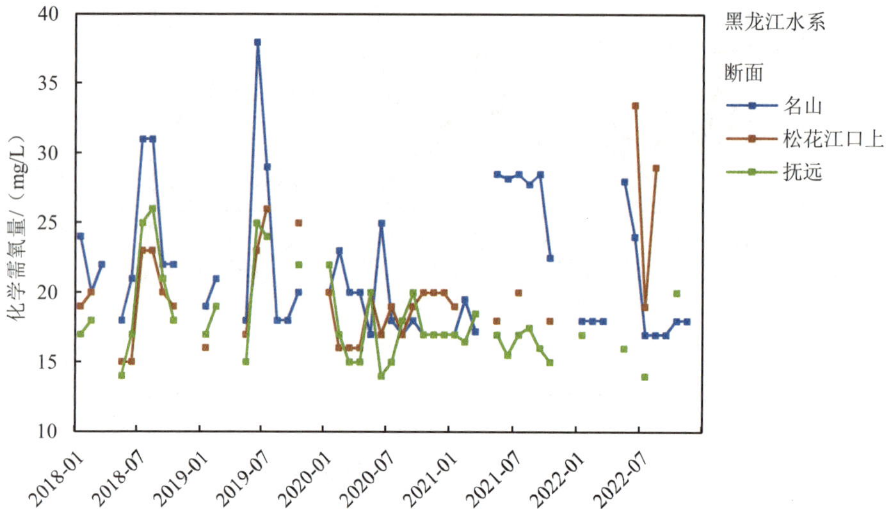


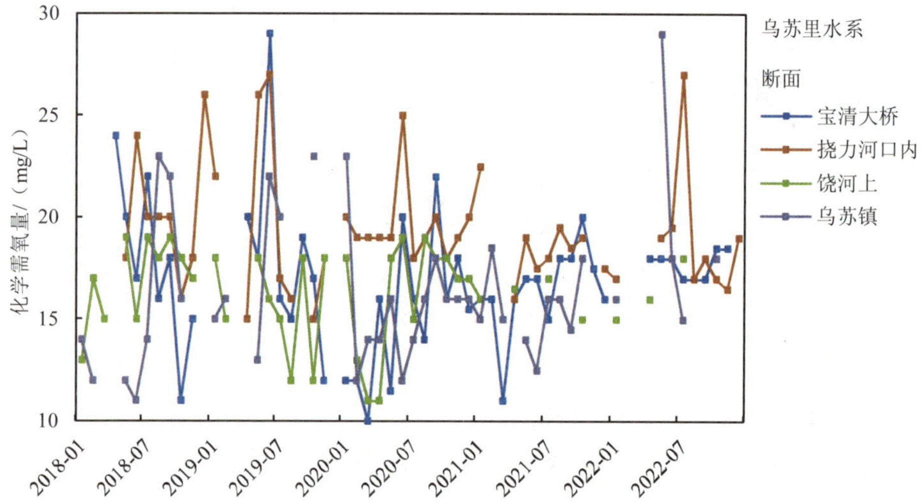

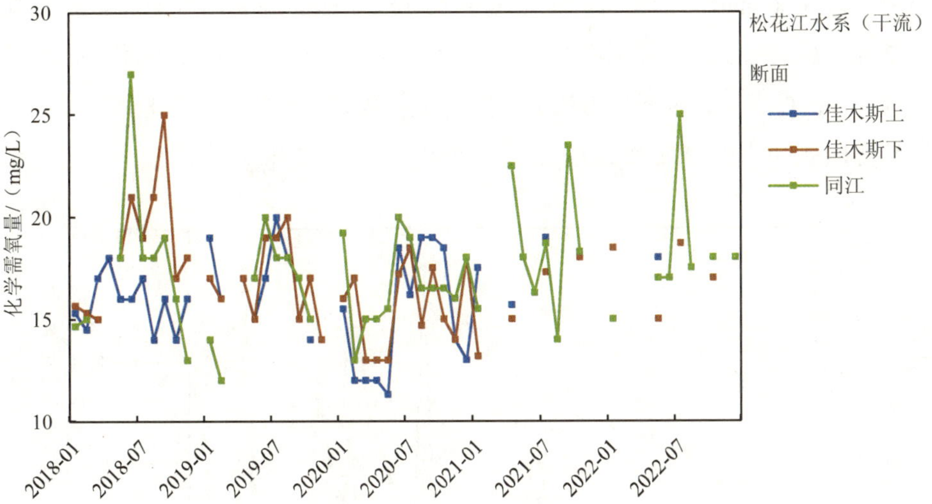


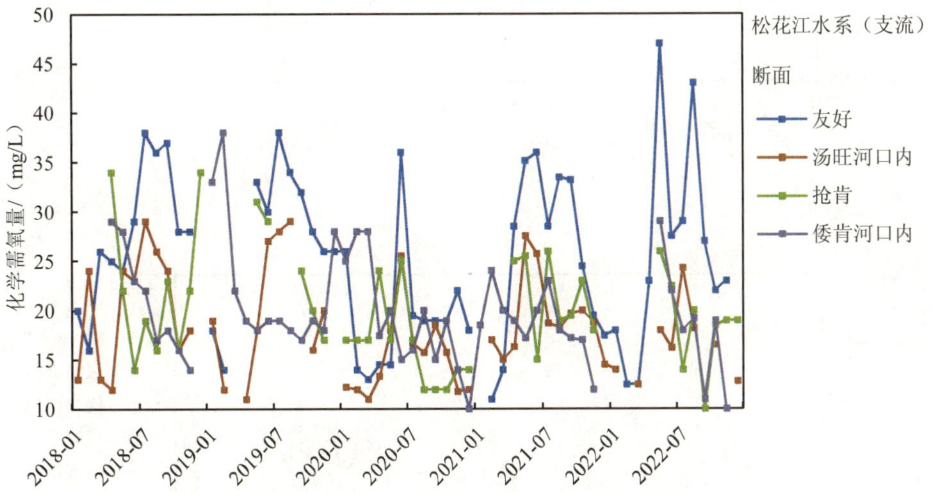


图 4-19　三大水系 COD 年度变化特征

#### 4.2.3.3　水体总氮年度变化特征

2018—2020 年总氮年均监测值为 0.79～3.61 mg/L，总氮浓度近 5 年总体趋势逐年下降。选取黑龙江水系 3 个断面、乌苏里江水系 4 个断面、松花江水系（干流）3 个断面和松花江水系（支流）4 个断面作年度对比分析，见图 4-20。七台河市倭肯河抢肯断面和依兰县倭肯河口内断面年度平均值超过 3.0 mg/L，其中年度最大值为 7.86 mg/L，超Ⅲ类标准限值 6.86 倍。松花江水系其他断面总氮平均值为 2.10 mg/L 左右，年均浓度基本保持不变。乌苏里江水系 4 个断面总氮年均值在 1.27 mg/L 以下，水质较为稳定。黑龙江水系中除佳木斯市汤旺河口内断面超过Ⅴ类标准、年均值逐年增大外，其余 4 个断面总氮年均值均满足Ⅴ类标准限值。

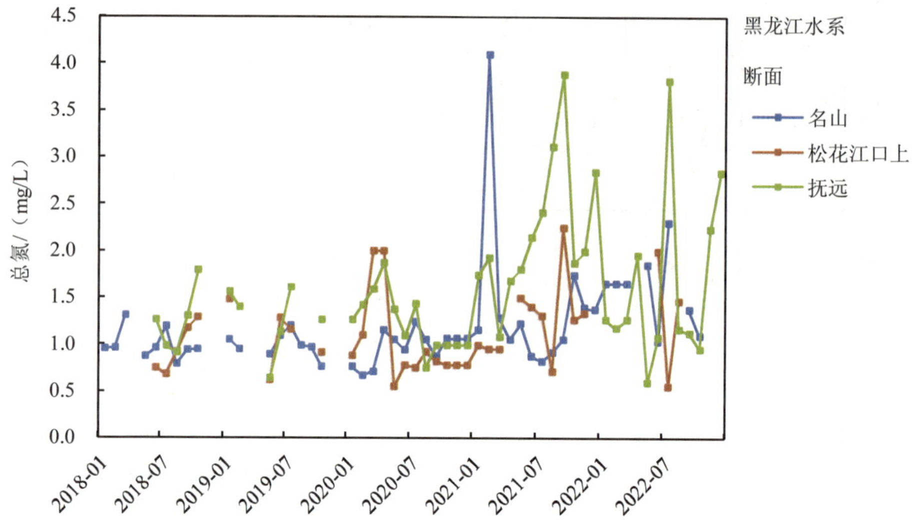


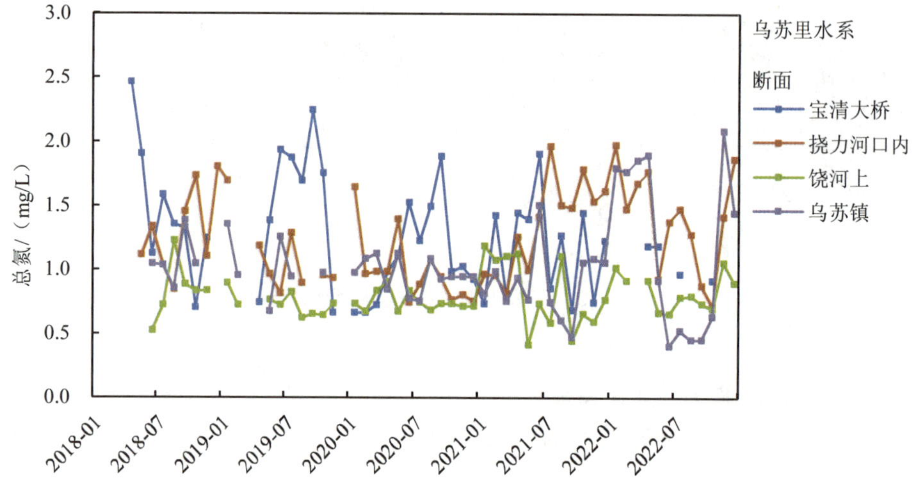

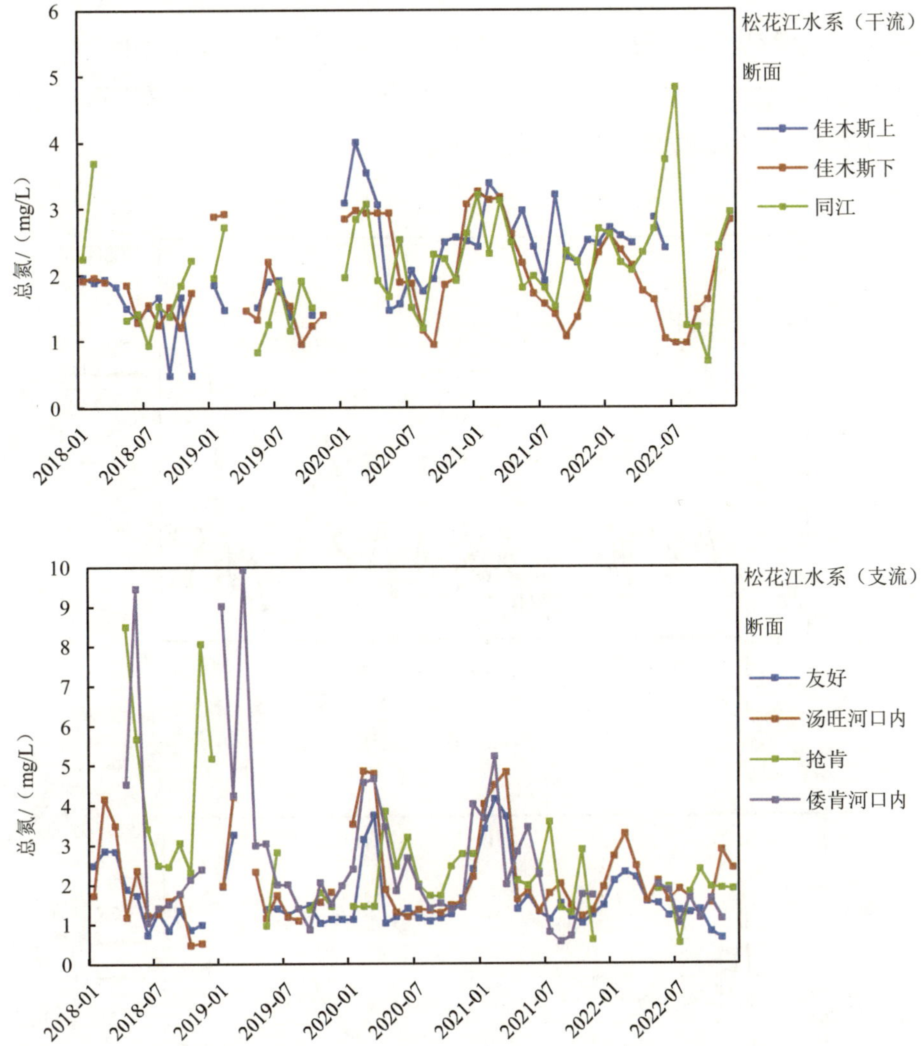


图 4-20 三大水系总氮年度变化特征

#### 4.2.3.4 水体总磷年度变化特征

2018—2020 年总磷年均监测值为 0.05～0.18 mg/L，总体而言，总磷浓度近 5 年呈现先上升后下降趋势。选取黑龙江水系 3 个断面、乌苏里江水系 4 个断面、松花江水系（干流）3 个断面和松花江水系（支流）4 个断面作年度对比分析，见图 4-21。伊春市双河渠首断面总磷年度平均值超过 0.18 mg/L，其中年度最大值为

0.21 mg/L，超III类标准限值 1.1 倍，松花江水系其他断面总磷平均值为 0.11 mg/L 左右，年均浓度基本保持不变。乌苏里江水系 4 个断面总磷氮年均均值小于 0.11 mg/L 以下，水质较为稳定。黑龙江水系中 5 个断面总磷氮年均均值小于 0.09 mg/L，水质均满足III类标准限值。

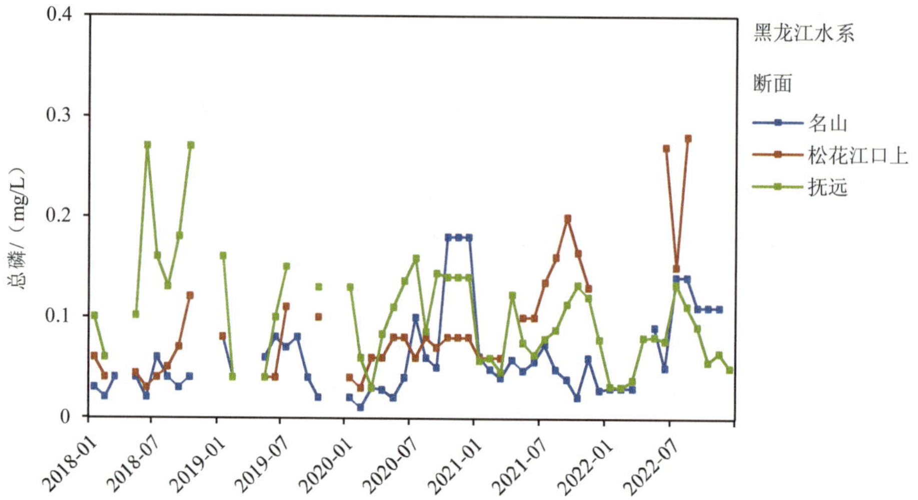


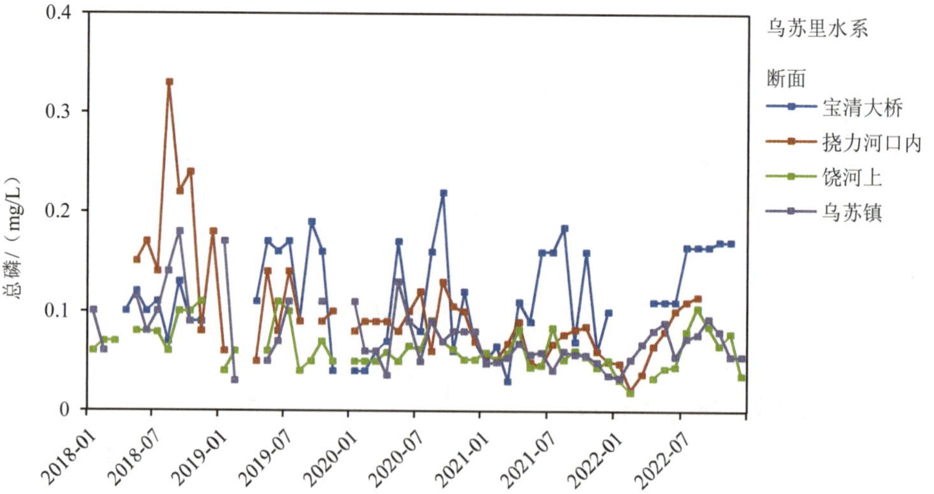

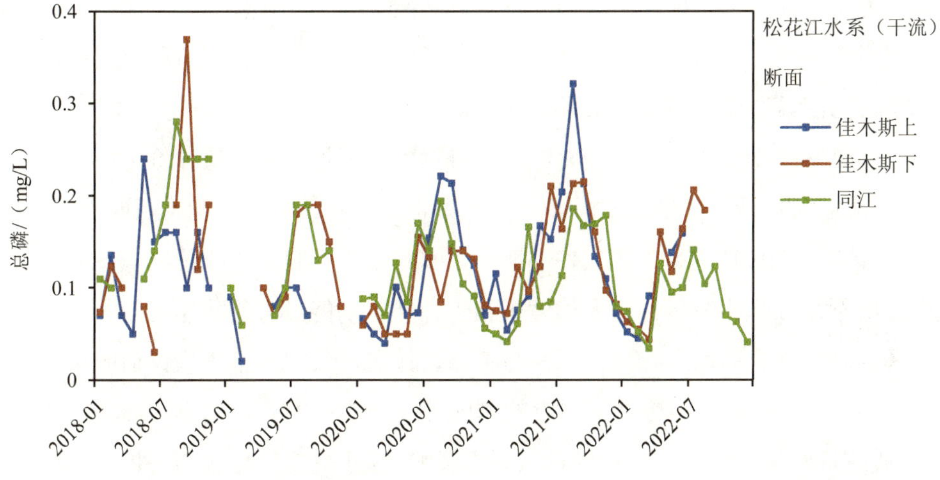


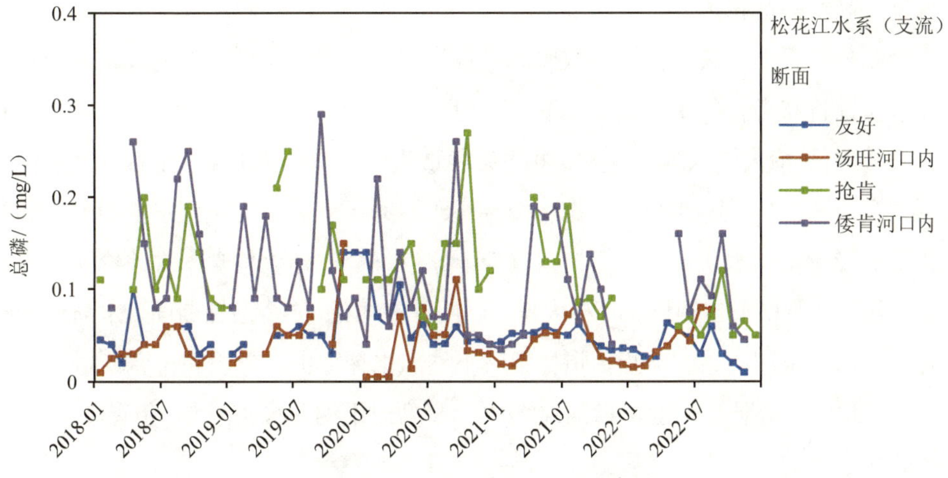


图 4-21　三大水系总磷年度变化特征

## 4.2.4　自然因素背景值对水质的影响

伊春市是小兴安岭主要组成部分，其森林资源丰富、人类活动强度较低，是我国和亚洲东北部最为典型和完整的原生红松阔叶混交林分布区之一，但水体常年处于Ⅳ～Ⅴ类，超标因子为 COD 和高锰酸盐指数，尤其在上游源头断面浓度更高。根据《原始森林型源头水体高 COD 原因探究——以汤旺河为例》研究结论表明，小兴安岭区域内流域水体中 $COD_{Cr}$ 和 $COD_{Mn}$ 浓度时空差异性显著。时间上为丰水期＞平水期＞枯水期的特点，空间上人类干扰较少，呈典型的森林背景值引起的高$COD_{Cr}$和$COD_{Mn}$特点，其主要受自然本底和自然过程因素的影响，属于自然因素造成的结果，未影响水生态安全。

同时，《关于优化大小兴安岭地区受自然因素影像水体水质评价考核的函》（环办水体函〔2022〕167 号）、《“十四五”国家地表水环境质量监测网断面设置方案》（环办监测〔2020〕3 号）等文件中明确，水质基本受自然因素影响（或人为影响可忽略不计），且相关指标对人体健康和生态环境功能没有明显影响的大小兴安岭地区苗圃等 7 个断面（点位）不参与考核、排名，其中包括本次评估区域的伊春市的挡石河冲锋桥、苗圃及鹤岗市的名山等 3 个考核断面，但继续参与水质评价（水质超标时将注明相关指标受自然因素影响，大小兴安岭地区相关指标为化学需氧量、高锰酸盐指数）。

此外，根据《关于拟以省政府名义报送〈关于优化黑龙江省受背景值影响水体水质评价和考核的函〉的请示》（黑环呈〔2021〕116 号），因黑龙江省“武开江”、暴雨和特大洪水等极端天气频发，背景值对水质影响加重，全省优良水体比例大幅下降。11 月 15 日，生态环境部组织召开了“关于优化额尔古纳河流域受背景值影响水体水质评价、考核建议”专家咨询会，建议包含本次评价区域内友好、嘉荫、渡口贝雷钢桥、育林大桥、晨明等在内的 47 个国控断面，水质评价时将化学需氧量和高锰酸盐指数指标暂时不纳入水体评价、考核和排名。

因此，将化学需氧量和高锰酸盐指数指标暂时不纳入水体评价，伊春市 13 个国控断面水质均达到III类及以上。

## 4.3 水土保持功能变化

### 4.3.1 土壤侵蚀面积对比

2018 年项目区水土流失面积为 12 928.35 km$^2$。其中，剧烈侵蚀面积 173.58 km$^2$，占总水土流失面积的 1.34%；极强烈侵蚀面积 292.23 km$^2$，占总水土流失面积的 2.26%；强烈侵蚀面积 419.83 km$^2$，占总水土流失面积的 3.25%。到 2022 年，项目区水土流失面积为 12 329.64 km$^2$，其中剧烈侵蚀面积 78.02 km$^2$，占总水土流失面积的 0.63%；极强烈侵蚀面积 227.92 $km^2$，占总水土流失面积的 1.85%；强烈侵蚀面积 389.71 $km^2$，占总水土流失面积的 3.16%。2022 年总水土流失面积比 2018 年减少 598.71 $km^2$，不同级别侵蚀面积均有所减少。项目区 2018—2022 年不同级别土壤侵蚀面积对比见图 4-22。

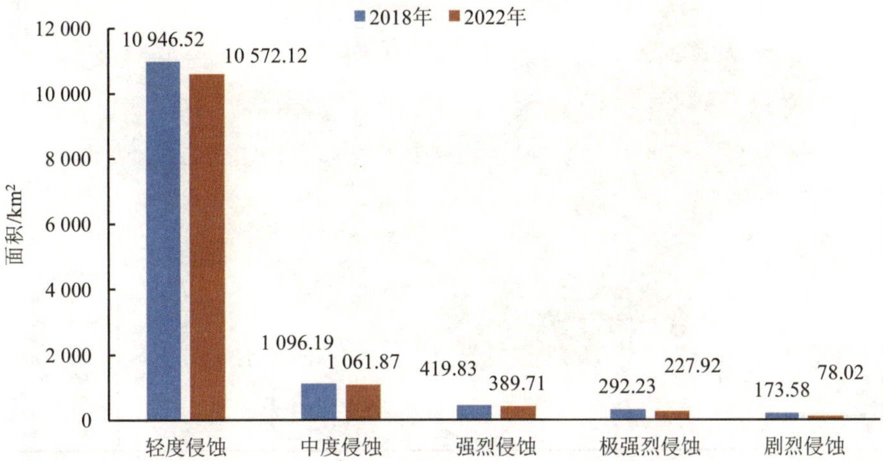


图 4-22　项目区 2018—2022 年不同级别土壤侵蚀面积对比

## 4.3.2　水源涵养功能重要性评价

水源涵养是生态系统（如森林、草地等）通过其特有的结构与水相互作用，对降水进行截留、渗透、蓄积，并通过蒸散发实现对水流、水循环的调控，主要表现在缓和地表径流、补充地下水、减缓河流流量的季节波动、滞洪补枯、保证水质等方面。以水源涵养量作为生态系统水源涵养功能的评价指标。

在 2018 年和 2022 年两个时期，小兴安岭-三江平原水源涵养服务功能重要性评价结果见图 4-23 和图 4-24。评价结果表明，项目区水源涵养服务功能在 2022 年重要性评价结果为一般重要及较重要区域面积约为 24 800 $km^2$，约占小兴安岭-三江平原区域总面积的 24.9%；水源涵养服务功能中等重要区域面积约为 25 321 $km^2$，占区域总面积的 25.4%；水源涵养服务功能高度重要和极重要区域面积约为 49 462 $km^2$，约占区域总面积的 49.6%。相较 2018 年，项目区水源涵养服务功能在 2022 年重要性评价结果为一般重要及较重要区域面积减少了约 12.1%

（12 068 km$^2$），中等重要区域面积减少了约 1.8%（1 780 km$^2$），而高度重要和极重要区域面积增加了约 13.9%（13 848 km$^2$）。此外，小兴安岭-三江平原水源涵养服务功能重要及以上增加区域主要分布于小兴安岭以及完达山一带。

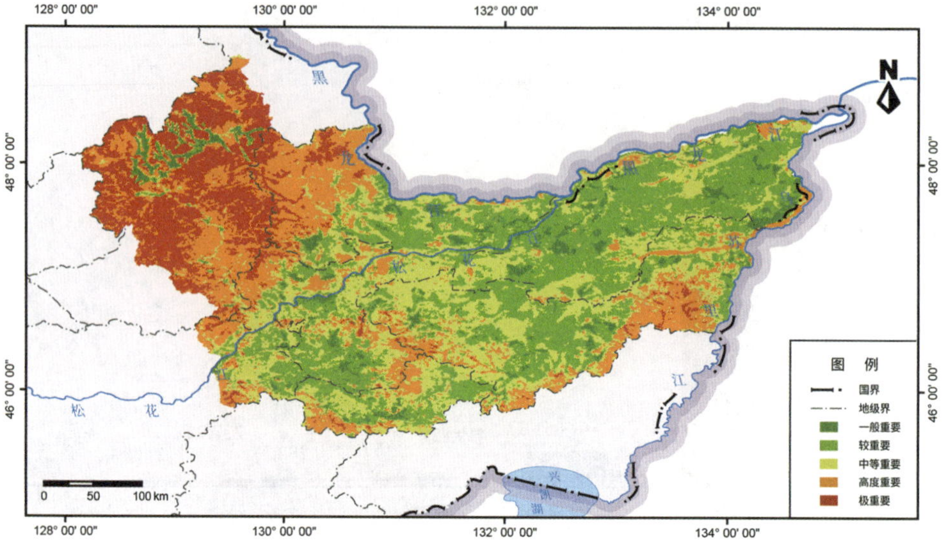


图 4-23 2018 年项目区水源涵养功能重要性评价结果

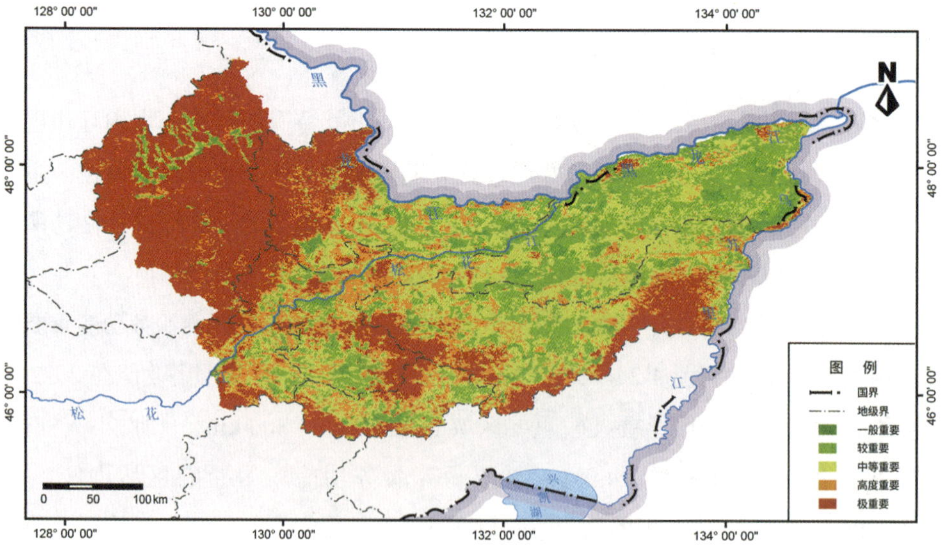


图 4-24 2022 年项目区水源涵养功能重要性评价结果

### 4.3.3 水土保持功能重要性评价

水土保持是生态系统（如森林、草地等）通过其结构与过程减少由于水蚀所导致的土壤侵蚀的作用，是生态系统提供的重要调节服务之一。水土保持功能主要与气候、土壤、地形和植被有关。以土壤保持量，即潜在土壤侵蚀量与实际土壤侵蚀量的差值，作为生态系统水土保持功能的评价指标。

在 2018 年和 2022 年两个时期，小兴安岭-三江平原水土保持服务功能重要性评价结果见图 4-25 和图 4-26。评价结果表明，项目区水土保持服务功能在 2022 年重要性评价结果为一般重要及较重要区域面积约为 15 090 km$^2$，约占小兴安岭-三江平原区域总面积的 15.2%；水土保持服务功能中等重要区域面积约为 31 274 km$^2$，占区域总面积的 31.4%；水土保持服务功能高度重要和极重要区域面积约为 53 219 km$^2$，约占区域总面积的 53.4%。相较 2018 年，项目区水土保持服务功能在 2022 年重要性评价结果为一般重要及较重要区域面积减少了约 15.8%（15 780 km$^2$），中等重要区域面积增加了约 3.5%（3 439 km$^2$），而高度重要和极重要区域面积增加了约 12.3%（12 341 km$^2$）。此外，小兴安岭-三江平原水土保持服务功能重要及以上增加区域主要分布于小兴安岭以及完达山一带。

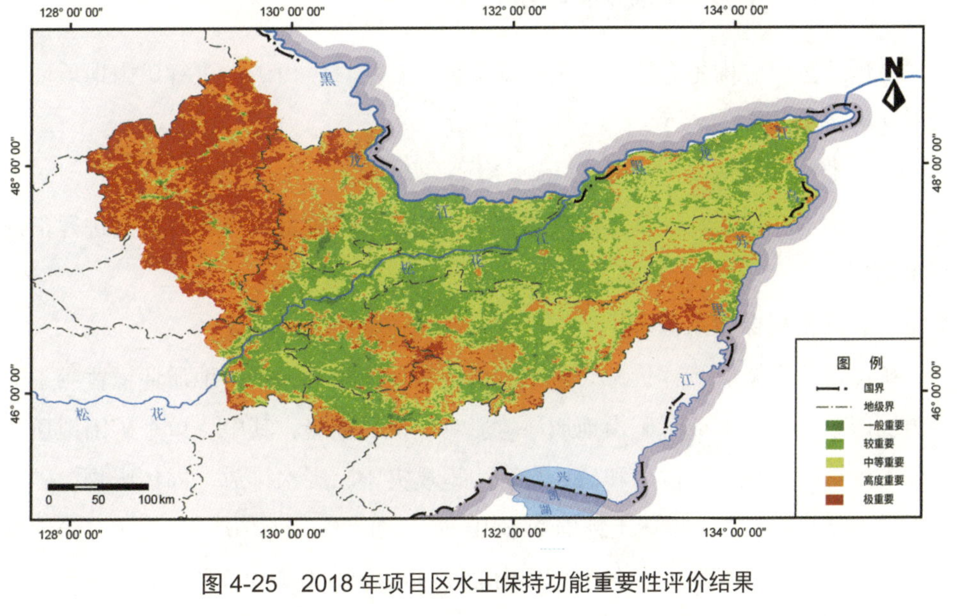


图 4-25　2018 年项目区水土保持功能重要性评价结果

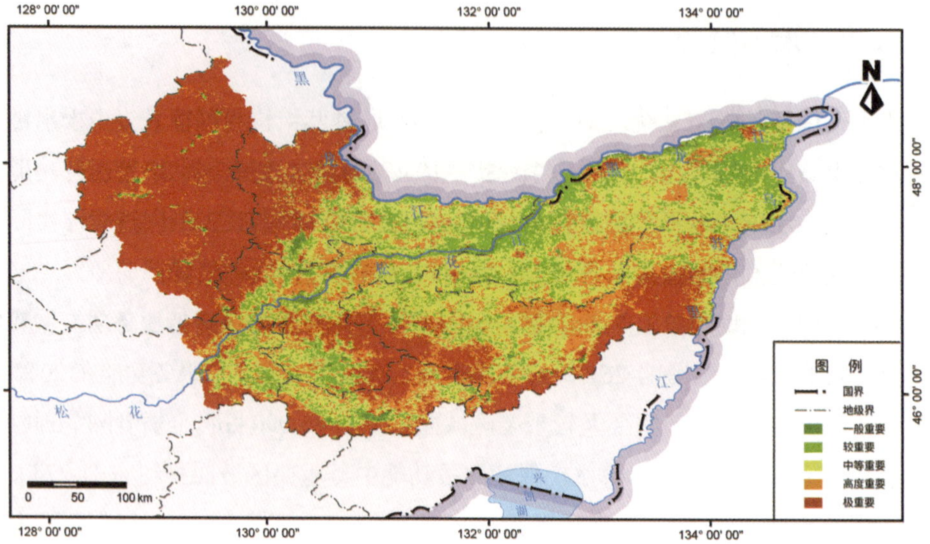


图 4-26 2022 年项目区水土保持功能重要性评价结果

## 4.4 矿山环境变化

### 4.4.1 矿山地质环境影响评价

为项目区内矿山生态修复提供技术依据，对项目区内矿山进行矿山地质环境影响评价工作。

#### 4.4.1.1 参数指标法

矿山地质环境影响评价方法采用参数指标法，在项目区将调查数据进行正方形单元划分。

#### 4.4.1.2 评价指标体系构建

矿山地质环境影响评价考虑单个矿山地质环境影响和矿山地质环境背景条件两方面因素，从而构成了矿山地质环境影响评价目标层。其中，单个矿山地质环境影响细分为土地资源占用和破坏、矿山地质灾害、废水排放、固体废物、矿山开发 5 个指标层；占用破坏土地面积/矿山面积、采空区面积/矿山面积；有无地质灾害或隐患、灾害规模、影响范围/矿山面积；年排放量/矿山面积、有无毒性；累计积存量/矿山面积、有无毒性；开采矿种、开采方式、矿山规模 12 个评价因子层；而矿山地质环境背景条件又进一步细分为地貌条件、地质灾害易发程度、植被分布、降水量分布和人口密度 5 个指标层。上述目标层、指标层和评价因子层构成了矿山地质环境影响评价指标体系，见图 4-27。

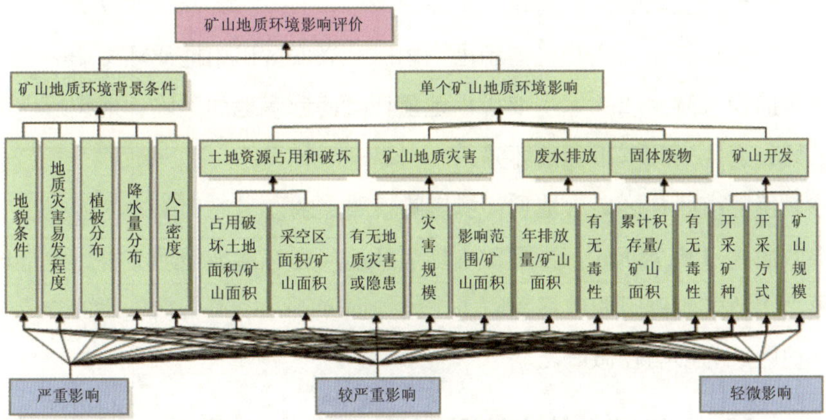


图 4-27 矿山地质环境影响评价指标体系

#### 4.4.1.3 矿山地质环境影响分区

项目区地处大兴安岭-内蒙古地槽褶皱区和兴凯湖-布列亚山地块区的南部，地质构造复杂，成矿条件良好，矿产蕴藏量丰富，根据废弃矿山地质环境影响评价及矿产资源开发对地质环境影响划分为 3 个区，分别为影响严重区、影响较严重区、影响轻微区。分别叙述如下：

影响严重区：

（1）七台河市勃利县-桃山区-茄子河区-新兴区矿山地质环境影响严重区

该区面积 591.83 hm$^2$，主要矿山地质环境问题有地面塌陷、地下水均衡破坏、土地资源占用和破坏等。

（2）双鸭山市尖山区-岭东区矿山地质环境影响严重区

该区面积 62.42 hm$^2$，主要矿山地质环境问题有地面塌陷、地下水均衡破坏、水土污染、土地资源占用和破坏等。

（3）鹤岗市向阳区-南山区矿山地质环境影响严重区

该区面积 17.32 hm$^2$，主要矿山地质环境问题有地面塌陷、地裂缝、地下水均衡破坏、土地资源占用和破坏等。

影响较严重区：

（1）双鸭山-集贤县-友谊县矿山地质环境影响较严重区

该区面积 2 080.22 $hm^2$，主要矿山地质环境问题有地面塌陷、地下水均衡破坏、水土污染、土地资源占用和破坏等。

（2）鹤岗市东山区-兴山区-向阳区-南山区-兴安区矿山地质环境影响较严重区

该区面积 738.68 $hm^2$，主要矿山地质环境问题有地面塌陷、地裂缝、地下水均衡破坏、土地资源占用和破坏等。

（3）伊春市西林区矿山地质环境影响较严重区

该区面积 137.74 $hm^2$，主要矿山地质环境问题有滑坡地质灾害、地形地貌景观破坏、土地资源占用和破坏等。

其他区域为影响轻微区。

### 4.4.2 2018 年矿山基本情况

根据《黑龙江省矿山地质环境详细调查报告》（2017），2018 年，项目区内有矿山 2 069 座，其中废弃矿山破坏土地面积 7 755.35 $hm^2$。项目区 2 069 座矿山中，处于影响严重的矿山有 259 座，占矿山总数的 12.52%；影响较严重的矿山有 406 座，占矿山总数的 19.62%；影响轻微的矿山有 1 404 座，占矿山总数的 67.86%。项目区内矿山的评估结果见表 4-4。

表 4-4 项目区矿山地质环境影响评价结果统计 单位：座

| 矿山类型 | 影响轻微 | 影响较严重 | 影响严重 | 合计 |
|---|---|---|---|---|
| 能源类矿山 | 324 | 139 | 255 | 718 |
| 金属类矿山 | 35 | 8 | 4 | 47 |
| 非金属类矿山 | 1 045 | 259 | 0 | 1 304 |
| 合计 | 1 404 | 406 | 259 | 2 069 |

通过对项目区域内矿山地质环境评价，其影响范围主要集中于七台河、鹤岗、双鸭山等“四大煤城”重点矿产资源开发区域，历史遗留矿山众多，主要存在矿山地质环境问题为地形地貌景观破坏、土地资源占用和破坏。

### 4.4.3 2022年矿山基本情况

结合 2022 年黑龙江省历史遗留废弃矿山图斑核查数据，项目区共有矿山 1 913 座。其中，生产矿山有 692 座，历史遗留废弃矿山有 1 221 座（历史遗留废弃矿山图斑 1 677 处，面积 4 396.12 $hm^2$）。具体矿山图斑数及图斑面积见表 4-5。

表 4-5 项目区矿山情况

| 序号 | 所属地市 | 历史遗留废弃矿山 | | | 生产矿山/座 | 合计 |
|---|---|---|---|---|---|---|
| | | 历史遗留废弃矿山/座 | 历史遗留废弃矿山图斑/处 | 历史遗留废弃矿山面积/$hm^2$ | | |
| 1 | 依兰县 | 106 | 159 | 338.75 | 10 | 116 |
| 2 | 七台河市 | 258 | 380 | 653.08 | 186 | 444 |
| 3 | 双鸭山市 | 485 | 677 | 1 765.56 | 213 | 698 |
| 4 | 鹤岗市 | 28 | 33 | 117.70 | 131 | 159 |
| 5 | 伊春市 | 66 | 88 | 265.87 | 73 | 139 |
| 6 | 佳木斯市 | 278 | 340 | 1 255.16 | 79 | 357 |
| 合计 | | 1 221 | 1 677 | 4 396.12 | 692 | 1 913 |

项目区内 2022 年矿山的评价结果见表 4-6。

表 4-6 项目区矿山地质环境影响评价结果统计 单位：座

| 矿山类型 | 影响轻微 | 影响较严重 | 影响严重 | 合计 |
|---|---|---|---|---|
| 能源类矿山 | 54 | 275 | 165 | 494 |
| 金属类矿山 | 32 | 3 | 0 | 35 |
| 非金属类矿山 | 1 127 | 212 | 45 | 1 384 |
| 合计 | 1 213 | 490 | 210 | 1 913 |

截至目前，项目区历史遗留废弃矿山共有 4 396.12 $hm^2$。主要分布在依兰县、七台河市、双鸭山市、鹤岗市、伊春市、佳木斯市 6 个市（县），具体矿山图斑数及图斑面积见表 4-7。

表 4-7 项目区历史遗留废弃矿山情况

| 序号 | 所属地市 | 历史遗留废弃矿山图斑/处 | 历史遗留废弃矿山图斑总面积/$m^2$ |
|---|---|---|---|
| 1 | 依兰县 | 159 | 3 387 488.35 |
| 2 | 七台河市 | 380 | 6 530 822.49 |
| 3 | 双鸭山市 | 677 | 17 655 567.16 |
| 4 | 鹤岗市 | 33 | 1 177 015.19 |
| 5 | 伊春市 | 88 | 2 658 677.12 |
| 6 | 佳木斯市 | 340 | 12 551 631.62 |
| 合计 | | 1 677 | 43 961 201.93 |

### 4.4.4 矿山环境变化

根据 2018 年、2022 年项目区矿山地质环境评价结果，项目区矿山数量减少 156 座，历史遗留废弃矿山破坏土地面积减少 3 359.23 $hm^2$。其中，影响严重区内的矿山数量减少了 49 座，主要为能源类矿山，同时影响严重区的金属矿山为 0 座；影响较为严重区内的矿山增加 84 座，区域内能源类矿山数量有明显增加，金属类矿山及非金属类矿山均有减少；影响轻微区内的矿山数量上减少了 191 座，区域内非金属矿山数量略有增加，能源类矿山大幅减少。

综上所述，2018—2023 年，项目区矿山环境具有较大的改善，历史遗留废弃矿山破坏土地面积减少了 3 359.23 $hm^2$，影响轻微矿山总数占比超过 63%，矿山环境改善取得较大成果。

## 4.5 生物多样性变化

党的十八大以来，在黑龙江省委、省政府的领导下，在自然资源厅、生态环境厅和国家林草局等的指导支持下，各级主管部门认真践行习近平生态文明思想，依法履职尽责，加强自然保护地整合与保护、生态环境保护与修复及野生动物保护管理，持续推进生态文明建设和生态环境、资源保护，项目区的生态系统多样性、生境条件改善、物种多样性等具有不同程度的提高。

### 4.5.1 生态系统多样不断增加

生态系统多样性指生物群落中各种生物之间以及生物与非生物环境之间的复杂关系。不同的生态系统类型，如森林、草原、湿地、湖泊等变化及转换特征。项目区内开展了包括小兴安岭伊春河秋沙鸭栖息地修复治理工程、黑龙江绥滨两江湿地保护与恢复工程、宝清县挠力河流域生态环境综合整治修复工程、黑龙江沿岸抚远段生态修复工程、三江平原湿地保护与恢复工程、黑瞎子岛国家级自然保护区自然湿地生态保护项目、勃利县碾子河南段综合治理工程、黑龙江抚远段鲟鳇鱼种质资源保存工程、富锦市林木种质库资源保护工程 9 个生物多样性保护工程。

2018—2022 年，小兴安岭-三江平原区域林草地、水域-湿地生态系统面积等均呈现增加趋势，具体变化见表 4-8。图 4-28 为工程实施前后对比，可见研究区域开展的各项生态修复工程均取得较好的成效，对于提高生态系统多样性、稳定性具有正向效应。

表 4-8 2018—2022 年生态系统类型面积变化

| 序号 | 生态系统类别 | 新增面积/$hm^2$ |
|---|---|---|
| 1 | 林草地生态系统 | 8 931.9 |
| 2 | 水域-湿地生态系统 | 9 839.7 |

黑龙江绥滨两江湿地修复前后对比（左：修复前，右：修复后）

宝清县挠力河流域生态环境综合治理前后对比（左：治理前，右：治理后）

黑龙江（抚远段）支流伟华滨河生态环境综合治理前后对比（左：治理前，右：治理后）

三江平原湿地保护与治理工程前后对比（左：治理前，右：治理后）

勃利县碾子河北段综合治理前后对比（左：治理前，右：治理后）

图 4-28　生物多样性工程前后对比

## 4.5.2　生境条件持续改善

小兴安岭-三江平原区域生境多样性丰富，然而由于历史原因，保护区附近存在耕地，湿地生态系统与农田生态系统之间缺乏必要的过渡带，导致湿地周边农田不断向湿地蚕食，农田与湿地争水矛盾加剧，湿地缺少程度逐步加大；进而加快其面积减少、破碎化，导致生境间的连通性被破坏。通过开展流域生态环境综合整治工程，如小兴安岭伊春河秋沙鸭栖息地修复治理工程、黑龙江绥滨两江湿地保护与恢复工程等，实现退耕还湿、退耕还林、动植物栖息地保护等目标。

经过统计，本次评估项目共实现湿地保护修复 10 488.17 $hm^2$，新增林草修复面积 9 415.55 $hm^2$，新增矿山恢复 3 778 $hm^2$，增强了生境的多样性及连通性。以三江平原挠力河国家级自然保护区为例，由于湿地资源有效修复，湿地生态功能有效发挥。科学选育了千屈菜、黄菀、芦苇和菖蒲等本地湿地植物，这些植物不仅能为开展区域自然教育，湿地科普教育等提供生态文化服务，还可以利用其药用、蜜源、造纸等功能合理开发具有生态价值的生态产品。在 2019 年挠力河流域洪涝灾害中，湿地修复区域充分发挥防洪蓄水功能，为防洪抢险争取了宝贵时间，保障了保护区周边区域粮食安全。

## 4.5.3 生物多样性日益丰富

黑龙江省分布陆生野生动物500种。部分动物图鉴见图4-29。其中，国家一级保护动物有38种，国家二级保护动物有86种，省重点野生动物有71种。据林草局最新调查统计，三江平原共分布有国家重点保护陆生野生动物110种。其中，国家一级保护动物28种。包括兽类3种、鸟类25种，如白枕鹤、丹顶鹤、东方白鹳等。国家二级保护动物82种，其中兽类9种，如赤狐、黑熊、豹猫等；鸟类72种，如花尾榛鸡、鸿雁、鸳鸯等；两栖类1种，为极北鲵。项目区内国家重点保护野生动物名录见表4-9。

图4-29　部分动物图鉴

表 4-9 项目区内国家重点保护野生动物名录

| 序号 | 名称 | 学名 | 生境 | 保护级别 | CRLB |
|---|---|---|---|---|---|
| 1 | 东北虎 | *Panthera tigris altaica* | 森林 | I | CR |
| 2 | 马鹿 | *Cervus canadensis* | 森林、沼泽、草甸 | II | EN |
| 3 | 猞猁 | *Lynx lynx* | 森林、草地、岩石 | II | EN |
| 4 | 豹猫 | *Prionailurus bengalensis* | 森林、灌丛 | II | VU |
| 5 | 狼 | *Canis lupus* | 苔原、森林、草甸、耕地 | II | NT |
| 6 | 赤狐 | *Vulpes vulpes* | 森林、城市、灌丛、耕地 | II | NT |
| 7 | 貉 | *Nyctereutes procyonoides* | 森林、溪流、灌丛、草甸 | II | NT |
| 8 | 亚洲黑熊 | *Ursus thibetanus* | 森林 | II | VU |
| 9 | 黄喉貂 | *Martes flavigula* | 森林 | II | VU |
| 10 | 紫貂 | *Martes zibellina* | 森林、河边 | I | VU |
| 11 | 丹顶鹤 | *Grus japoenesis* | 水域、沼泽、滩涂 | I | EN |
| 12 | 白枕鹤 | *Grus vipio* | 水域、沼泽、滩涂 | I | EN |
| 13 | 东方白鹳 | *Ciconia boyciana* | 水域、沼泽、滩涂 | I | EN |
| 14 | 鸿雁 | *Anser cygnoid* | 水域、沼泽 | II | VU |
| 15 | 鸳鸯 | *Aix galericulata* | 森林、水域、沼泽 | II | NT |
| 16 | 花脸鸭 | *Sibirionetta formosa* | 水域、沼泽 | II | NT |
| 17 | 普通鵟 | *Buteo japonicus japonicus* | 森林、林缘 | II | LC |
| 18 | 雕鸮 | *Bubo bubo ussuriensis* | 森林 | II | NT |
| 19 | 长耳鸮 | *Asio otus otus* | 森林 | II | LC |
| 20 | 纵纹腹小鸮 | *Athene noctua plumipes* | 森林、林缘灌丛 | II | LC |
| 21 | 红隼 | *Falco tinnunculus interstinctus* | 森林、农田、居民点 | II | LC |
| 22 | 燕隼 | *Falco subbuteo subbuteo* | 森林、农田、居民点 | II | LC |
| 23 | 红喉歌鸲 | *Calliope calliope* | 森林、灌丛 | II | LC |
| 24 | 蓝喉歌鸲 | *Luscinia svecica svecica* | 森林、灌丛 | II | LC |
| 25 | 黑啄木鸟 | *Dryocopus martius martius* | 森林 | II | LC |
| 26 | 鹗 | *Pandion haliaetus* | 草地、水域、沼泽 | II | NT |
| 27 | 金雕 | *Aquila chrysaetos kamtschatica* | 森林 | I | VU |
| 28 | 白尾鹞 | *Circus cyaneus cyaneus* | 森林、农田、居民点 | II | NT |

数据来源：黑龙江省林草局动植物处。

黑龙江省分布有野生植物 2 931 种（含种下单位），国家重点保护野生植物（林草部门管理）27 种，其中，一级保护植物东北红豆杉 1 种，二级保护植物水曲柳、黄檗、红松等 26 种。部分植物图鉴见图 4-30。

图 4-30 部分植物图鉴

同时，项目区内开展了富锦市林木种质库资源保护工程（图 4-31）、黑龙江抚远段鲟鳇鱼种质资源保存工程，这些工程对于物种多样性保护具有重要意义。其中，建设林木种质资源保护区 146 $hm^2$，新建种质资源原地保存区面积 120 $hm^2$；黑龙江抚远段增加流鲟鳇鱼繁殖恢复 40 万尾（图 4-32）。

图 4-31　富锦市林木种子园种子资源保存工程

图 4-32　鲟鳇鱼种质资源放流

2021 年在挠力河保护区记录到有国际濒危“鸟类大熊猫”之称的震旦鸦雀营巢，是我国近 20 年首次发现；2022 年在挠力河保护区红旗岭管理站发现并以挠力河命名的新昆虫物种“挠力河耗姬蜂”。每年春秋两季大批东方白鹳、小天鹅和白琵鹭就会在这里集群，东方白鹳最大集群数量超过 700 只，丹顶鹤繁殖种群不断增加，据调查丹顶鹤巢已达 60 余处。通过东北林业大学对 2021—2022 年保护区 0～30 cm 土壤有机碳储量初步分析，保护区土壤有机碳储量约为 1.6 亿 t，碳汇价值为 67 亿～85 亿元。其中，湿地修复区域碳汇增加量达 48 万～50 万 t，碳汇增加价值 0.2 亿～0.26 亿元。挠力河自然保护区鸟类照片和湿地照片见图 4-33。

图 4-33 挠力河自然保护区鸟类照片和湿地照片

## 4.6 小 结

2018—2022 年项目区内整体生态环境质量稳中向好。

区域 NDVI 由 2018 年的 0.408 快速增加至 0.429，区域平均 NDVI 达到了 21 世纪以来的最高值；区域平均 NPP 值由 474.0 gC/（$m^2$·a）增长至 480.5gC/（$m^2$·a），提高了 2.2%。

水环境方面，项目区国控断面达到或优于Ⅲ类水体比例由 41.2%增长至 74.4%，国控断面劣Ⅴ类水体清零。其中，松花江干流国控断面水质全部达到Ⅲ类，水质状况良好；松花江支流汤旺河水质不能达到Ⅲ类要求，主要受自然因素影响，大小兴安岭地区相关指标化学需氧量和高锰酸盐指数指标暂时不纳入水体评价，其余指标均达到Ⅲ类及以上。

2022 年项目区总水土流失面积比 2018 年减少 598.71 $km^2$。项目区水源涵养服务功能在 2022 年重要性评价结果为一般重要及较重要区域面积减少了 12 068 $km^2$，中等重要区域面积减少了 1 780 $km^2$，而高度重要和极重要区域面积增加了约 13 848 $km^2$，增加区域主要分布于小兴安岭以及完达山一带。

项目区矿山数量减少 156 座，历史遗留废弃矿山破坏土地面积减少 3 359.23 $hm^2$。其中，影响严重区内的矿山数量减少了 49 座，主要为能源类矿山，同时影响严重区的金属矿山为零，区域矿山环境有较大的改善。

项目区加强自然保护地整合与保护、生态环境保护与修复及野生动物保护管理，共实现湿地保护修复 10 488.17 $hm^2$，新增林草修复面积 9 415.55 $hm^2$，新建林木种质资源保护区 146 $hm^2$，黑龙江抚远段增加流鲟鳇鱼繁殖恢复 40 万尾，项目区生态系统多样性、生境条件改善、物种多样性等具有不同程度的提高。

# 第 5 章

## 修复成效评估

## 5.1 评估指标体系构建

项目区生态保护修复成效评估框架体系评估内容主要根据实施前后生态环境变化，从优化生态系统格局、提升生态环境质量、增强生态系统服务功能、消除人为胁迫、维护生态环境效益持续发挥等方面完成生态保护修复成效评估，通过资料收集、数据统计、遥感解译、实地调研、调查监测等方式获取所需资料数据，构建指标体系，确定区域和分区的生态保护修复成效指数（ERI），客观评价项目实施后项目区整体和区域的生态保护修复成效；针对评估结果总结经验做法，识别区域存在的主要问题，挖掘典型，凝练亮点，形成相应的对策，提升工程实施有效性，推动山水林田湖草一体化保护和系统治理效果提升。

### 5.1.1 评估方法选择

试点区生态保护修复成效评估框架体系主要包括生态系统格局、生态系统质量、生态系统服务功能和生物多样性保护等方面。结合项目区环境质量调查、生态调查、遥感监测等结果，构建评估指标体系，依据层次分析法优选出反映小兴安岭-三江平原区域山水林田湖草生态保护修复工程实施后的生态修复成效关键指标，通过计算指标权重和各分区的工程实施成效，最终得出项目区和各分区生态保护修复成效指数，完成项目区综合评估工作。

### 5.1.2 评估指标体系构建

#### 5.1.2.1 指标体系选取原则

评价指标的选择是准确反映项目区生态系统健康状况和成效综合评估的关键。由于不同的生态系统所处的自然、社会、经济状态一般不同，同一生态系统发展的不同阶段所具有的特点也不同，建立统一的生态系统健康评价指标十分困难。因此，对于某一具体生态系统健康评估，必须制定有针对性的、能够反映该区域真实状况的指标体系。指标在选取时应遵循以下原则。

系统性：任何生态环境问题都不是孤立存在的，生态系统内部和系统与系统之间相互联系、相互影响。要把生态系统看作自然-社会-经济复合生态系统的有机组成部分，从整体上选取指标对其健康状况进行综合评价。评价指标要求全面、系统地反映生态健康的各个方面，指标之间应相互补充，充分体现生态环境的一体性和协调性。

目的性：生态安全评估的目的不是为生态系统诊断疾病，而是定义生态系统的一种期望状态，确定生态系统破坏的阈值，并在文化、道德、政策、法律、法规的约束下，实施有效的生态系统管理，从而促进生态系统健康提高。

代表性：评价指标应能代表生态环境本身固有的自然属性、生态系统特征和受周边社会经济影响状况，并能反映其生态环境的变化趋势及其受干扰和破坏的敏感性。

科学性：评价指标应能反映生态环境的本质特征及其发生发展规律，指标的物理及生物意义必须明确，测算方法标准，统计方法规范。

可操作性：指标概念明确，易测易得。评价指标的选择要考虑我国的经济发展水平，无论从方法学还是人力、物力上，均要符合本项目的实施现状，还要考虑各个技术部门的技术能力。为保证评价指标的准确性和完整性，评价指标要可测量，有便于统计和计算的足够数据量，其计算和测量方法要简便，可操作性强，实现理论科学性和现实可行性的合理统一。

规范化：生态安全评估是一项长期性工作，所获取的数据和资料无论在时间上还是在空间上，都应具有可比性。因而，所采用的指标内容和方法都必须做到统一和规范，要根据区域特点因地制宜，同时确保其具有一定的科学性和可比性。

#### 5.1.2.2 初选指标分类

根据《生态保护修复成效评估技术指南（试行）》（HJ 1272—2022）、《区域生态质量评价办法（试行）》（环监测〔2021〕99 号）、《全国生态状况调查评估技术规范——生态系统质量评估》（HJ 1172—2021）等技术指南，初步确定各分区生态保护修复成效评价采用同一指标体系，包括生态系统格局、生态系统质量、生物多样性、生态服务功能、生态胁迫、其他 6 项一级指标，涵盖环境质量、植被覆盖、生物多样性、人为胁迫等 10 个二级指标和 36 个三级指标，见表 5-1。

表 5-1 项目区生态保护修复成效指标体系

| 目标层 | 一级指标 | 二级指标 | 三级指标 |
|---|---|---|---|
| 分区生态保护修复成效指数（V） | 生态系统格局（A1） | 重要生态系统面积（B1） | 森林面积指数（C1） |
| | | | 灌丛面积指数（C2） |
| | | | 草地面积指数（C3） |
| | | | 湿地面积指数（C4） |
| | | | 农田（非生态用地转化）/耕地面积指数（C5） |
| | | | 生态红线面积比指数（C6） |
| | | 生态连通度（B2） | 重要生态连通度指数（C7） |
| | | | 水网密度指数（C8） |
| | | 自然岸线保有率（B3） | 河流自然岸线保有率（C9） |
| | | | 湖库自然岸线保有率（C10） |
| | | | 河流湿地自然岸线保有率（C11） |
| | 生态系统质量（A2） | 植被覆盖（B4） | 森林覆盖指数提升率（C12） |
| | | | 归一化植被指数（NDVI）（C13） |
| | | | 初级生产力（NPP）（C14） |
| | | 环境质量（B5） | 地表水环境优良水体比例（C15） |
| | | | 劣V类水体比例（C16） |
| | | | 集中式水源地水质达标比例（C17） |
| | | | 土壤环境质量达标率（C18） |
| | | | 土壤安全利用率（C19） |
| | | | 污染地块安全利用率（C20） |
| | 生物多样性（A3） | 生物多样性（B6） | 生态环境指示生物类群丰富度（C21） |
| | | | 重点保护野生动植物保护率（C22） |
| | | | 原生功能群中占比指数（C23） |
| | 生态服务功能（A4） | 主导生态功能（B7） | 水源涵养指数（C24） |
| | | | 水土保持指数（C25） |
| | | | 防风固沙指数（C26） |
| | | | 固碳能力（C27） |

<table>
<tr><th>目标层</th><th>一级指标</th><th>二级指标</th><th>三级指标</th></tr>
<tr><td rowspan="9">分区生态保护修复成效指数（V）</td><td rowspan="4">生态胁迫（A5）</td><td rowspan="4">人为胁迫（B8）</td><td>陆域开发干扰指数（C28）</td></tr>
<tr><td>25°（含）以上坡耕地面积比例（C29）</td></tr>
<tr><td>水环境污染排放量（C30）</td></tr>
<tr><td>土壤环境污染排放量（C31）</td></tr>
<tr><td rowspan="5">其他（A6）</td><td>公众满意度（B9）</td><td>公众满意度（C32）</td></tr>
<tr><td rowspan="4">特色指标（B10）</td><td>生态活力指数（C33）</td></tr>
<tr><td>退化土地修复指数（C34）</td></tr>
<tr><td>生境质量指数（C35）</td></tr>
<tr><td>受保护区域面积指数（C36）</td></tr>
</table>

### 5.1.2.3 分区指标筛选

根据《关于开展“十三五”山水林田湖草生态保护修复工程试点区域生态环境成效评估的通知》(环办生态〔2023〕15 号)，通过资料收集、地方自评、现场调研等环节，评估工程实施之后的工程实施成效和生态系统格局、生态系统质量、生态系统服务功能、生物多样性等区域环境成效。考虑生态保护修复成效评估要求、试点区工程实施内容和指标体系筛选原则，对指标进行筛选，筛选出 6 类一级指标、10 类二级指标和 26 类三级指标，见表 5-2。

表 5-2 项目区生态保护修复成效指标体系

<table>
<tr><th>目标层</th><th>一级指标</th><th>二级指标</th><th>三级指标</th></tr>
<tr><td rowspan="8">分区生态保护修复成效指数（V）</td><td rowspan="8">生态系统格局（A1）</td><td rowspan="5">重要生态系统面积（B1）</td><td>森林面积指数（C1）</td></tr>
<tr><td>灌丛面积指数（C2）</td></tr>
<tr><td>草地面积指数（C3）</td></tr>
<tr><td>湿地面积指数（C4）</td></tr>
<tr><td>农田（非生态用地转化）/耕地面积指数（C5）</td></tr>
<tr><td>生态连通度（B2）</td><td>重要生态连通度指数（C6）</td></tr>
<tr><td rowspan="2">自然岸线保有率（B3）</td><td>河流自然岸线保有率（C7）</td></tr>
<tr><td>湖库自然岸线保有率（C8）</td></tr>
</table>

| 目标层 | 一级指标 | 二级指标 | 三级指标 |
| --- | --- | --- | --- |
| 分区生态保护修复成效指数（V） | 生态系统质量（A2） | 植被覆盖（B4） | 森林覆盖指数提升率（C9） |
| | | | 归一化植被指数（NDVI）（C10） |
| | | 环境质量（B5） | 地表水环境优良水体比例（C11） |
| | | | 劣Ⅴ类水体比例（C12） |
| | | | 集中式水源地水质达标比例（C13） |
| | | | 土壤环境质量达标率（C14） |
| | | | 土壤安全利用率（C15） |
| | 生物多样性（A3） | 生物多样性（B6） | 生态环境指示生物类群丰富度（C16） |
| | | | 重点保护野生动植物保护率（C17） |
| | 生态服务功能（A4） | 主导生态功能（B7） | 水源涵养指数（C18） |
| | | | 水土保持指数（C19） |
| | | | 固碳能力（C20） |
| | 生态胁迫（A5） | 人为胁迫（B8） | 水环境污染排放量（C21） |
| | | | 土壤环境污染排放量（C22） |
| | 其他（A6） | 公众满意度（B9） | 公众满意度（C23） |
| | | 特色指标（B10） | 退化土地修复指数（C24） |
| | | | 生境质量指数（C25） |
| | | | 受保护区域面积指数（C26） |

#### 5.1.2.4 权重的确定

根据《生态保护修复成效评估技术指南（试行）》（HJ 1272—2022）评估指标计算方法，对每个指标进项分区评估。试点区 4 个分区因主导生态功能不同，因此重要生态系统面积（B1）、主导生态功能（B7）和特色指标（B10）对应的三级指标权重有所不同，生态保护修复成效评估采用分级评分、逐级加权的方法，通过对各项指标进行定量或定性评估，包括各指标层分值的计算和分区目标层的计算，获取 4 个分区各项指标值。生态保护修复成效评估指标及权重见表 5-3。

表 5-3 生态保护修复成效评估指标及权重

| 目标层 | 一级指标 | 权重 | 二级指标 | 权重 | 三级指标 | 权重 | | | |
|---|---|---|---|---|---|---|---|---|---|
| | | | | | | 小兴安岭生态安全屏障 | 完达山生态安全屏障 | 松花江水土污染防控带 | 三江平原湿地生物多样性保护区 |
| 生态保护修复成效指数（V） | 生态系统格局（A1） | 24 | 重要生态系统面积（B1） | 10 | 森林面积指数（C1） | 4 | 2 | 2 | 2 |
| | | | | | 灌丛面积指数（C2） | 1 | 2 | 2 | 1 |
| | | | | | 草地面积指数（C3） | 1 | 2 | 2 | 1 |
| | | | | | 湿地面积指数（C4） | 2 | 2 | 2 | 4 |
| | | | | | 耕地面积指数（C5） | 2 | 2 | 2 | 2 |
| | | | 生态连通度（B2） | 8 | 重要生态连通度指数（C6） | 8 | 8 | 8 | 8 |
| | | | 自然岸线保有率（B3） | 6 | 河流自然岸线保有率（C7） | 3 | 3 | 3 | 3 |
| | | | | | 湖库自然岸线保有率（C8） | 3 | 3 | 3 | 3 |
| | 生态系统质量（A2） | 25 | 植被覆盖（B4） | 10 | 森林覆盖指数提升率（C9） | 5 | 5 | 5 | 5 |
| | | | | | 归一化植被指数（NDVI）（C10） | 5 | 5 | 5 | 5 |
| | | | 环境质量（B5） | 15 | 地表水环境优良水体比例（C11） | 3 | 3 | 3 | 3 |
| | | | | | 劣Ⅴ类水体比例（C12） | 3 | 3 | 3 | 3 |
| | | | | | 集中式水源地水质达标比例（C13） | 3 | 3 | 3 | 3 |
| | | | | | 土壤环境质量达标率（C14） | 3 | 3 | 3 | 3 |
| | | | | | 土壤安全利用率（C15） | 3 | 3 | 3 | 3 |

| 目标层 | 一级指标 | 权重 | 二级指标 | 权重 | 三级指标 | 权重 | | | |
|---|---|---|---|---|---|---|---|---|---|
| | | | | | | 小兴安岭生态安全屏障 | 完达山生态安全屏障 | 松花江水土污染防控带 | 三江平原湿地生物多样性保护区 |
| 生态保护修复成效指数（V） | 生物多样性（A3） | 10 | 生物多样性（B6） | 10 | 生态环境指示生物类群丰富度（C16） | 5 | 5 | 5 | 5 |
| | | | | | 重点保护野生动植物保护率（C17） | 5 | 5 | 5 | 5 |
| | 生态服务功能（A4） | 20 | 主导生态功能（B7） | 20 | 水源涵养指数（C18） | 10 | 10 | 5 | 10 |
| | | | | | 水土保持指数（C19） | 5 | 5 | 10 | 5 |
| | | | | | 固碳能力（C20） | 5 | 5 | 5 | 5 |
| | 生态胁迫（A5） | 8 | 人为胁迫（B8） | 8 | 水环境污染排放量（C21） | 4 | 4 | 4 | 4 |
| | | | | | 土壤环境污染排放量（C22） | 4 | 4 | 4 | 4 |
| | 其他（A6） | 13 | 公众满意度（B9） | 8 | 公众满意度（C23） | 8 | 8 | 8 | 8 |
| | | | 特色指标（B10） | 5 | 退化土地修复指数（C24） | 0 | 0 | 5 | 0 |
| | | | | | 生境质量指数（C25） | 5 | 5 | 0 | 0 |
| | | | | | 受保护区域面积指数（C26） | 0 | 0 | 0 | 5 |
| 合计 | | 100 | | 100 | | 100 | 100 | 100 | 100 |

### 5.1.3 指标定义及数据来源

各项指标定义及数据来源见表 5-4。

表 5-4 项目区生态保护修复成效指标定义及数据来源

<table>
<tr><th>三级指标</th><th>指标定义</th><th>数据来源</th></tr>
<tr><td>森林面积指数（C1）</td><td>评价区域内森林覆盖面积占比</td><td rowspan="6">遥感监测</td></tr>
<tr><td>灌丛面积指数（C2）</td><td>评价区域内灌丛覆盖面积占比</td></tr>
<tr><td>草地面积指数（C3）</td><td>评价区域内草地覆盖面积占比</td></tr>
<tr><td>湿地面积指数（C4）</td><td>评价区域内湿地覆盖面积占比</td></tr>
<tr><td>农田（非生态用地转化）/耕地面积指数（C5）</td><td>评价区域内耕地覆盖面积占比</td></tr>
<tr><td>重要生态连通度指数（C6）</td><td>将林地、草地、水域和沼泽地进行合并后，面积大于 0.1 $km^2$ 的斑块总面积占比</td></tr>
<tr><td>河流自然岸线保有率（C7）</td><td>重要河流自然岸线长度占总岸线的比例</td><td rowspan="2">资料收集</td></tr>
<tr><td>湖库自然岸线保有率（C8）</td><td>重要湖库自然岸线长度占总岸线的比例</td></tr>
<tr><td>森林覆盖指数（C9）</td><td>森林、灌丛、草地、湿地等有植被覆盖区域的生长季平均植被覆盖度</td><td>遥感监测</td></tr>
<tr><td>归一化植被指数(NDVI)(C10)</td><td>归一化植被指数（NDVI）</td><td>遥感监测</td></tr>
<tr><td>地表水环境优良水体比例(C11)</td><td>地表水 I ～III类水体比例</td><td rowspan="5">各市环境质量质量报告书/外业调查</td></tr>
<tr><td>劣V类水体比例（C12）</td><td>地表水劣V水体比例</td></tr>
<tr><td>集中式水源地水质达标比例（C13）</td><td>集中式水源地水质达标比例</td></tr>
<tr><td>土壤环境质量达标率（C14）</td><td>土壤环境质量达标率</td></tr>
<tr><td>土壤安全利用率（C15）</td><td>土壤安全利用率</td></tr>
<tr><td>生态环境指示生物类群丰富度（C16）</td><td>通过对样地或调查区域中的物种进行调查和统计来计算物种丰富度。指示性物种指在水体、土壤种对某种环境特征具有指示特性的物种，包括敏感只是生物和耐性指示生物</td><td rowspan="2">省级自然保护区生态环境保护成效评估报告或其他自然保护区数据</td></tr>
<tr><td>重点保护野生动植物保护率（C17）</td><td>评价区内列入《国家重点保护野生动物名录》和《国家重点保护野生植物名录》的高等植物、哺乳类、鸟类、爬行类和两栖类的物种数保护占比</td></tr>
</table>

| 三级指标 | 指标定义 | 数据来源 |
|---|---|---|
| 水源涵养指数（C18） | 各生态类型的水源涵养综合功能情况 | 遥感监测 |
| 水土保持指数（C19） | 植被保持土壤的能力 | |
| 固碳能力（C20） | 植被固碳能力 | |
| 水环境污染排放量（C21） | 水环境污染排放量 | 各市环境质量质量报告书、黑龙江省生态质量评价结果 |
| 土壤环境污染排放量（C22） | 土壤环境污染排放量 | |
| 公众满意度（C23） | 公众满意度 | 问卷收集 |
| 退化土地修复指数（C24） | 退化土地修复率，评价区域内已修复的退化土地总面积占退化土地总面积的百分比 | 黑龙江省生态质量评价结果 |
| 生境质量指数（C25） | 由于生态系统类型不同而体现的生物栖息地质量差异 | |
| 重点保护生物指数（C26） | 区域内已记录的符合《国家重点保护野生动物名录》和《国家重点保护野生植物名录》的高等植被、哺乳类、鸟类、爬行类和两栖类的物种数，用于表征评价区生物物种被保护情况 | |

## 5.1.4 评分标准与评价分级

由于不同的评价指标具有不同的量纲和量纲单位，这将会导致不同指标数据无法对比分析，因此需要对原始数据进行标准化处理，最终使各指标处于同一数量级，适合进行综合对比评价。全国生态系统分类体系见表5-5。

表5-5 全国生态系统分类体系

| Ⅰ级代码 | Ⅰ级分类 | Ⅱ级代码 | Ⅱ级分类 |
|---|---|---|---|
| 1 | 森林生态系统 | 11 | 针叶林 |
| | | 12 | 落叶林 |
| | | 13 | 针阔混交林 |
| | | 14 | 稀疏林 |
| 2 | 灌丛生态系统 | 21 | 阔叶灌 |
| | | 22 | 针叶灌丛 |
| | | 23 | 稀疏灌丛 |

| Ⅰ级代码 | Ⅰ级分类 | Ⅱ级代码 | Ⅱ级分类 |
|---|---|---|---|
| 3 | 草地生态系统 | 31 | 草甸 |
| | | 32 | 草原 |
| | | 33 | 草丛 |
| | | 34 | 稀疏草地 |
| 4 | 湿地生态系统 | 41 | 沼泽 |
| | | 42 | 湖泊 |
| | | 43 | 河流 |
| 5 | 农田生态系统 | 51 | 耕地 |
| | | 52 | 园地 |
| 6 | 城镇生态系统 | 61 | 居住地 |
| | | 62 | 城市绿地 |
| | | 63 | 工矿交通 |
| 7 | 荒漠生态系统 | 71 | 沙漠 |
| | | 72 | 沙地 |
| | | 73 | 盐碱地 |
| 8 | 其他 | 81 | 冰川/永久积雪 |
| | | 82 | 裸地 |

#### 5.1.4.1 指标计算依据

指标计算主要参考《生态保护修复成效评估技术指南（试行）》（HJ 1272—2022）评估指标计算方法并进行赋分。

（1）重要生态系统面积

重要生态系统包括森林、灌丛、草地、湿地和农田（非生态用地转化）。根据《全国生态状况调查评估技术规范——生态系统质量评估》（HJ 1172—2021）、《全国生态状况调查评估技术规范——森林生态系统野外观测》（HJ 1167—2021）、《全国生态状况调查评估技术规范——草地生态系统野外观测》（HJ 1168—2021）、《全国生态状况调查评估技术规范——湿地生态系统野外观测》（HJ 1169—2021），森林生态系统指以乔木为主的生物群落和非生物环境综合组成的生态系统，主要包括针叶林、落叶林、针阔混交林和稀疏林。灌丛生态系统指由多种灌木树种组成的植被群落，包括阔叶灌丛、针叶灌丛和稀疏灌丛。草地生态系统指在中纬度地带大陆性半湿润和半干旱气候条件下，以一年或多年生的草本植被为主的植物群落，包括草甸、草原、草丛和稀疏草地。湿地生态系统指地表过湿或常年积水生长着湿地植物的生态系统，包括沼泽、湖泊或河流湿地。农田生态系统包括耕地和园地。土地利用数据集获取自地球资源数据云提供的中国土地利用遥感监测数据。该数据集以 Landsat TM/ETM/OLI 遥感影像为主要数据源，经过影像融合、几何校正、图像增强与拼接等处理后，通过人机交互目视解译的方法开展全国土地利用类型划分，数据质量较好。森林面积指数增长率、灌丛面积指数增长率、草地面积指数增长率、湿地面积指数增长率、耕地面积指数增长率均根据评估范围内森林、灌丛、草地、湿地、农田（非生态用地转化）等保护修复后的面积增长情况赋分，评分方法按照《生态保护修复成效评估技术指南（试行）》（HJ 1272—2022）附录 A 表 A.1 重要生态面积评分表执行。

（2）生态连通度

生态连通度根据评估范围内生态系统整体连通程度提升情况赋分。陆域生态连通度指数计算方法参考《区域生态质量评价办法（试行）》中重要生态空间连通度指数计算方法，生态空间包括森林、灌丛、草地、湿地、农田等空间范围。评分方法按照《生态保护修复成效评估技术指南（试行）》（HJ 1272—2022）附录 A 表 A.2 生态连通度评分表执行。

（3）自然岸线保有率

自然岸线保有率根据评估范围内自然岸线保有率提升情况赋分。根据《生态保护修复成效评估技术指南（试行）》（HJ 1272—2022）附录 A 当区域不涉及自然岸线保护修复相关内容时该项得 6 分。

（4）植被覆盖度

植被覆盖度通过植被覆盖指数提升率和归一化植被指数（NDVI）提升率来确定。植被指数是反映绿色活植被相对丰度和活性的辐射量化值，常被用于表征研究区域的植被生理状况、绿色生物量及植被生产力等。NDVI 的计算涉及红光波段和近红外波段的反射值。具体见本书 4.1.2.1 节。评分方法按照《生态保护修复成效评估技术指南（试行）》（HJ 1272—2022）附录 A 表 A.4 植被覆盖度评分表执行。

（5）环境质量

环境质量根据评估范围内主要环境问题要素改善或环境质量维护情况赋分。根据区域内明确存在的水、大气、土壤（沉积物）等环境问题，结合生态保护修复实施的目标要求，以区域环境质量（地表水环境优良水体比例、劣Ⅴ类水体比例、集中式水源地水质达标比例、土壤环境质量达标率、土壤安全利用率）改善情况进行评分。评分方法按照《生态保护修复成效评估技术指南（试行）》（HJ 1272—2022）附录 A 表 A.5 环境质量评分表执行。

（6）生物多样性

陆域生物多样性根据评估范围内已记录的野生哺乳类、鸟类、两栖类和鱼类等生态环境指示生物类群丰富度和国家重点保护物种数量的提升情况赋分。本项目根据评估范围内自然保护区评价结果进行生态环境指示生物类群丰富度和重点保护野生动植物保护率提升情况进行赋分，评分方法按照《生态保护修复成效评估技术指南（试行）》（HJ 1272—2022）附录 A 表 A.6 陆域生物多样性评分表执行。

（7）主导生态功能

主导生态功能根据评估范围内水源涵养、土壤保持、固碳能力等主导生态功能提升情况赋分。

本次研究通过对 1 km 的年 NPP 产品（MOD17A3）数据进行投影转换、重采样、数据格式转换、影像裁剪与拼接等预处理，得到项目区 MODIS NPP 2018—2022 年值数据集。利用 NPP 与环境变量因子建立的因果关系法评估模型，作为综合替代指标进行项目区生态系统服务重要性和生态敏感性评价。生态系统服务重要性评价主要包括水土保持和水源涵养、固碳 3 种生态系统服务重要性评价，其中水土保持和水源涵养的生态系统服务重要性评价结果使用自然断点法对其进行 5 级分类，将其重要性由低到高依次划分为 5 个重要性级别，即一般重要、较重要、中等重要、高度重要、极重要，显示了本项目采用的生态系统服务重要性评价指标及计算方法。固碳功能采用植被固碳能力进行评价，公式如表 5-6 所示。评分方法按照《生态保护修复成效评估技术指南（试行）》（HJ 1272—2022）附录 A 表 A.8 主导功能评分表执行。

表 5-6 生态系统服务重要性评价方法

| 评价类型 | 计算公式 | 参数 |
|---|---|---|
| 水土保持重要性 | $NPP_{mean}\times(1-K)\times(1-F_{slo})$ | $NPP_{mean}$ 为年平均植被净初级生产力，$K$ 为土壤可蚀性，$F_{pre}$ 为降水量，$F_{slo}$ 为坡度，$F_{sic}$ 为土壤渗流 |
| 水源涵养重要性 | $NPP_{mean}\times F_{sic}\times F_{pre}\times(1-F_{slo})$ | |
| 固碳功能 | $C_v=\sum_{i=1}^{n}NPP_i\times C_i\times S_i$ | $C_i$ 为评估区 $i$ 类生态系统植被碳转换系数；$S_i$ 为评估区 $i$ 类生态系统面积 |

（8）人为胁迫

人为胁迫根据评估范围内人为胁迫指数降低情况赋分。人为胁迫因素为环境污染时，人为胁迫指数通过环境污染消除情况来获取。环境污染消除情况根据实施前后水、大气、土壤等环境污染物排放情况进行评价。不存在污染物排放的，得 8 分；环境质量达标，存在污染物排放的，1 项扣 2 分，扣完为止；环境质量不达标，存在污染物排放的，不得分。当区域同时存在两种或两种以上人为胁迫因素时，取各因素得分的平均值。

（9）公众满意度

公众满意度根据公众对生态保护修复的满意程度情况赋分。评分方法按照《生态保护修复成效评估技术指南（试行）》（HJ 1272—2022）附录 A 表 A.10 公众满意度评分表执行。

（10）特色指标

特色指标根据生态保护修复相关政策、规划、工程等实施区域的实际情况，自主设置区域有代表性的特色指标进行定量或定性评价，体现区域生态保护修复特征。小兴安岭生态安全屏障分区和完达山生态安全屏障设置生境质量指数为特色指标；松花江水土污染防控带设置退化土地修复指数为特色指标；三江平原湿地生物多样性保护区设置重点保护生物指数为特色指标。特色指标 5 分，各指标提升率大于 0.5%，该项得分为 5 分；在 0.3%至 0.5%（含）得 4 分；在 0 至 0.3%（含）得 2 分；小于 0 该项不得分。

#### 5.1.4.2 评价分级

评估指数数值大小本身并无形象意义，必须通过对一系列数值大小的意义限值界定，才能表达其形象含义。整个评估区的生态保护修复成效指数（ERI）结果是 1～100 的数值：

$$\mathrm{ERI}=\sum_{i=1}^{n}\mathrm{ERI}_i$$

式中，ERI——生态保护修复成效指数；

$\mathrm{ERI}_i$——生态保护修复成效第 $i$ 项指标得分；

$i$——指标序号；

$n$——指标数量。

把项目区评估指数分为优秀、良好、合格、不合格 4 个等级，见表 5-7。根据指标赋分细则，计算各项指标值，对评估结果进行计算分级，形成评估结论。基于各项指标评估得分，计算生态保护修复成效指数。

表 5-7　生态保护修复成效分级

| 指数分值范围 | 成效分级 |
| --- | --- |
| 90≤ERI≤100 | 优秀 |
| 80≤ERI＜90 | 良好 |
| 60≤ERI＜80 | 合格 |
| 0≤ERI＜60 | 不合格 |

## 5.2　生态安全格局

生态系统格局指各类不同生态系统在空间上的排列组合，包括生态系统类型、数目及空间分布与配置。试点区生态系统格局主要从重要生态系统面积、生态连通度和自然岸线保有率 3 个方面进行评估。

### 5.2.1　重要生态系统面积

土地利用数据集获取自地球资源数据云提供的中国土地利用遥感监测数据。该数据集以 Landsat TM/ETM/OLI 遥感影像为主要数据源，经过影像融合、几何校正、图像增强与拼接等处理后，通过人机交互目视解译的方法开展全国土地利用类型划分，数据质量较好。该数据土地利用类型包括耕地、林地、草地、水域、居民地和未利用土地6个一级类型以及25个二级类型。本项目湿地数据主要是由一级类型“04 水域”下的二级类型“45 滩涂”“46 滩地”和一级类型“06 未利用土地”下的二级类型“64 沼泽地”构成。。

小兴安岭生态安全屏障分区内重要生态系统面积由 28 751 km$^2$ 增加至 28 773 km$^2$，重要生态系统面积占比由98.46%增长至98.53%，增长了0.07%（表5-8）。其中，增长最多的为森林生态系统，增长了14 956 hm$^2$。

表5-8　2018年及2022年小兴安岭生态安全屏障重要生态系统面积变化情况

| 类别 | 2018年面积/hm$^2$ | 2022年面积/hm$^2$ | 2018年占比/% | 2022年占比/% | 变化/hm$^2$ |
|---|---|---|---|---|---|
| 森林生态系统 | 2 634 932 | 2 649 888 | 90.1 | 90.7 | 14 956 |
| 灌丛生态系统 | 161 | 160 | 0 | 0 | −1 |
| 草地生态系统 | 5 426 | 2 338 | 0.2 | 0.1 | −3 088 |
| 湿地生态系统 | 1 659 | 1 717 | 0.1 | 0.1 | 58 |
| 农田生态系统 | 232 911 | 223 195 | 8.0 | 7.6 | −9 716 |
| 总计 | 2 875 091 | 2 877 299 | 98.4 | 98.5 | 2 208 |

完达山生态安全屏障分区内重要生态系统面积由 23 702 km$^2$ 增加至 23 714 km$^2$，重要生态系统面积占比由97.09%增长至97.13%，增长了0.04%（表5-9）。其中，增长最多的为森林生态系统，增长了6 266 hm$^2$。

表5-9　2018年及2022年完达山屏障重要生态系统面积变化情况

| 类别 | 2018年面积/hm$^2$ | 2022年面积/hm$^2$ | 2018年占比/% | 2022年占比/% | 变化/hm$^2$ |
|---|---|---|---|---|---|
| 森林生态系统 | 1 277 314 | 1 283 580 | 52.3 | 52.6 | 6 266 |
| 灌丛生态系统 | 34 | 34 | 0 | 0 | 0 |
| 草地生态系统 | 2 745 | 1 957 | 0.1 | 0.1 | −788 |
| 湿地生态系统 | 1 855 | 2 005 | 0.1 | 0.1 | 150 |
| 农田生态系统 | 1 088 242 | 1 083 836 | 44.6 | 44.4 | −4 406 |
| 总计 | 2 370 190 | 2 371 403 | 97.1 | 97.1 | 1 213 |

松花江水土污染防控带分区内重要生态系统面积由 17 781 km$^2$ 增加至 17 855 km$^2$，重要生态系统面积占比由 92.13%增长至 92.51%，增长了 0.38%（表 5-10）。其中，增长最多的为农田生态系统，增长了 7 581 hm$^2$。

表 5-10　2018 年及 2022 年松花江水土污染防控带重要生态系统面积变化情况

| 类别 | 2018 年面积/hm$^2$ | 2022 年面积/hm$^2$ | 2018 年占比/% | 2022 年占比/% | 变化/hm$^2$ |
|---|---|---|---|---|---|
| 森林生态系统 | 85 814 | 87 946 | 4.4 | 4.6 | 2 132 |
| 灌丛生态系统 | 43 | 43 | 0 | 0 | 0 |
| 草地生态系统 | 3 040 | 717 | 0.2 | 0 | −2 323 |
| 湿地生态系统 | 189 | 207 | 0 | 0 | 18 |
| 农田生态系统 | 1 689 011 | 1 696 592 | 87.5 | 87.9 | 7 581 |
| 总计 | 1 778 098 | 1 785 502 | 92.1 | 92.5 | 7 404 |

三江平原湿地生物多样性保护区分区内重要生态系统面积由 25 591 km$^2$ 增加至 25 654 km$^2$，重要生态系统面积占比由 96.04%增长至 96.27%，增长了 0.23%（表 5-11）。其中，增长最多的为湿地生态系统，增长了 8 929 hm$^2$。

表 5-11　2018 年及 2022 年三江平原湿地生物多样性保护区重要生态系统面积变化情况

| 类别 | 2018 年面积/hm$^2$ | 2022 年面积/hm$^2$ | 2018 年占比/% | 2022 年占比/% | 变化/hm$^2$ |
|---|---|---|---|---|---|
| 森林生态系统 | 180 933 | 195 222 | 6.8 | 7.3 | 14 289 |
| 灌丛生态系统 | 69 | 69 | 0 | 0 | 0 |
| 草地生态系统 | 11 021 | 10 760 | 0.4 | 0.4 | −261 |
| 湿地生态系统 | 20 587 | 29 516 | 0.8 | 1.1 | 8 929 |
| 农田生态系统 | 2 346 504 | 2 329 874 | 88.0 | 87.4 | −16 630 |
| 总计 | 2 559 115 | 2 565 443 | 96 | 96.3 | 6 328 |

试点区重要生态系统面积由 95 824 km$^2$ 增加至 95 996 km$^2$，重要生态系统面积占比由 96.21%增长至 96.38%，增长了 0.18%，其中，增长最多的为松花江水土污染防控带，增长了 7 404 hm$^2$。试点区重要生态系统得分为 8.2 分，4 个分区得

分如表 5-12 所示。

表 5-12 2018 年及 2022 年试点区重要生态系统面积变化情况

| 分区 | 2018 年面积/$hm^2$ | 2022 年面积/$hm^2$ | 2018 年占比/% | 2022 年占比/% | 变化/$hm^2$ | 得分/分 |
|---|---|---|---|---|---|---|
| Ⅰ-小兴安岭生态安全屏障 | 2 875 091 | 2 877 299 | 28.87 | 28.89 | 2 208 | 8.2 |
| Ⅱ-完达山生态安全屏障 | 2 370 190 | 2 371 403 | 23.80 | 23.81 | 1 213 | 7.5 |
| Ⅲ-松花江水土污染防控带 | 1 778 098 | 1 785 502 | 17.85 | 17.93 | 7 404 | 8.6 |
| Ⅳ-三江平原湿地生物多样性保护区 | 2 559 115 | 2 565 443 | 25.69 | 25.76 | 6 328 | 8.5 |
| 评估区 | 9 582 494 | 9 599 647 | 96.21 | 96.38 | 17 153 | 8.2 |

## 5.2.2 生态连通度

首先将 shp 格式（图斑形态）研究区土地利用数据中包括森林、灌丛、草地、湿地、农田等土地利用生态斑块项合并，随后通过字段融合、多边形拆分为单部件、地理计算、要素筛选等工作，选取面积大于 0.1 $km^2$ 的重要生态斑块，在此基础上，通过计算重要斑块结点及距离，将物种平均扩散距离和设置的概率值确定为 5 km 和 0.5，将重要生态空间连通度指数的归一化系数设置为 103.7，最终计算得到该区域的总体重要生态空间连通度指数。

依据项目区 2018 年遥感数据，试点区约 6 000 个重要生态斑块，生态连通度指数从 26.32 上升至 26.45，生态连通度提升率约为 0.2%，其中增长最多的为小兴安岭生态安全屏障，增长率为 0.7%。4 个分区得分如表 5-13 所示。

表 5-13 2018 年及 2022 年试点区生态连通度指数变化情况

| 分区 | 2018 年生态连通度指数 | 2022 年生态连通度指数 | 变化率/% | 得分/分 |
|---|---|---|---|---|
| Ⅰ-小兴安岭生态安全屏障 | 71.11 | 71.59 | 0.7 | 8.0 |
| Ⅱ-完达山生态安全屏障 | 19.54 | 19.59 | 0.3 | 6.8 |
| Ⅲ-松花江水土污染防控带 | 6.43 | 6.44 | 0.2 | 5.9 |
| Ⅳ-三江平原湿地生物多样性保护区 | 8.21 | 8.21 | 0 | 5.0 |
| 评估区 | 26.32 | 26.45 | 0.21 | 6.4 |

### 5.2.3 自然岸线保有率

试点内不涉及自然岸线保护修复相关内容。4 个分区该项得分均为 6 分。

## 5.3 生态系统质量

生态系统质量指在特定的时间和空间范围内生态系统的总体或部分组分的质量，具体表现为生态系统的生产服务能力、抗干扰能力和对人类生存及社会发展的承载能力等方面。

### 5.3.1 植被覆盖度

小兴安岭-三江平原区域 2018—2022 年 NDVI 的时间变化序列结果如图 5-1 所示。可以看出近 5 年，区域 NDVI 值总体呈现增加的态势，区域 NDVI 由 2018 年的 0.408 快速增加至 0.429，而在 2021—2022 年的区域 NDVI 虽然比 2020 年 NDVI 低，但仍高于 2018 年的区域 NDVI 值。

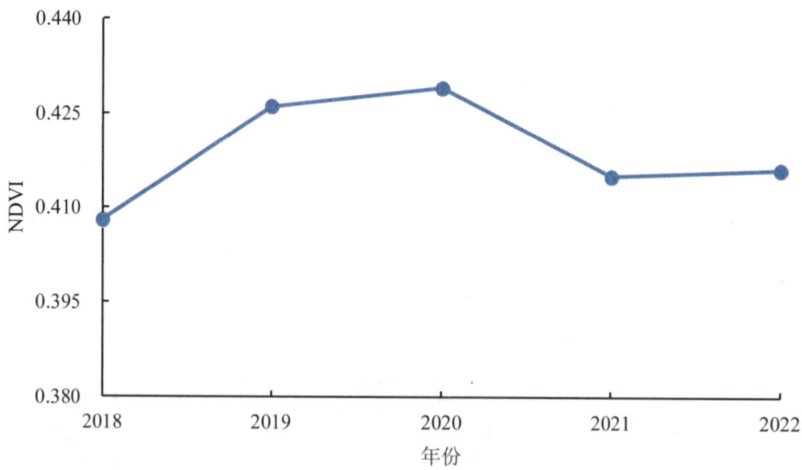


图 5-1 2018—2022 年项目区域 NDVI 时间序列变化

小兴安岭-三江平原区域在 2018 年和 2022 年 NDVI 的空间分布格局。可以看出，相较 2018 年，在 2022 年小兴安岭-三江平原区域内小兴安岭生态安全屏障、松花江水土污染防控带、完达山生态安全屏障等区域的 NDVI 主要呈现增加的特征，而具有减少趋势的区域主要集中在下垫面为耕地类型的区域，如三江平原的建三江农耕区域。各分区植被覆盖指数如表 5-14 所示。

表 5-14 2018 年及 2022 年植被覆盖指数变化情况

| 分区 | 2018 年植被覆盖指数 | 2012 年植被覆盖指数 | 植被覆盖指数变化率/% | 得分/分 |
|---|---|---|---|---|
| Ⅰ-小兴安岭生态安全屏障 | 100.0 | 99.84 | −0.2 | 6.0 |
| Ⅱ-完达山生态安全屏障 | 95.26 | 99.71 | 4.7 | 9.7 |
| Ⅲ-松花江水土污染防控带 | 87.82 | 95.41 | 8.6 | 10.0 |
| Ⅳ-三江平原湿地生物多样性保护区 | 89.78 | 94.13 | 4.8 | 9.9 |
| 评估区 | 93.39 | 97.27 | 4.0 | 9.5 |

## 5.3.2 水环境质量

### 5.3.2.1 地表水水质

项目区地表水丰富，监测断面较多，根据项目区内各地市提供的《2018—2022 年生态环境质量公报》和《2018—2022 年生态环境质量报告书》及项目区内国控考核断面水质监测结果，2018—2022 年项目区内监测断面数量由 17 个增长至 42 个，监测断面和水质类别见表 5-15。2018—2022 年，河流水系水质状况总体轻度污染，项目区国控断面达到或好于Ⅲ类水体比例占比由 41.2%增长至 74.4%（图 5-2），国控断面劣Ⅴ类水体清零。

表 5-15 试点区内国控考核断面情况

| 地市名称 | 断面名称 | 水系名称 | 水质类别 | | | | | 分区 |
|---|---|---|---|---|---|---|---|---|
| | | | 2018 年 | 2019 年 | 2020 年 | 2021 年 | 2022 年 | |
| 佳木斯市 | 别拉洪村 | 乌苏里江水系 | — | — | — | Ⅳ类 | Ⅳ类 | 三江平原湿地生物多样性保护区 |
| | 抚远 | 黑龙江水系 | Ⅳ类 | Ⅳ类 | Ⅳ类 | Ⅳ类 | Ⅳ类 | 三江平原湿地生物多样性保护区 |

| 地市名称 | 断面名称 | 水系名称 | 水质类别 | | | | | 分区 |
|---|---|---|---|---|---|---|---|---|
| | | | 2018 年 | 2019 年 | 2020 年 | 2021 年 | 2022 年 | |
| 佳木斯市 | 富锦下 | 松花江水系 | — | — | — | Ⅲ类 | Ⅲ类 | 松花江水土污染防控带 |
| | 佳木斯下 | 松花江水系 | Ⅲ类 | Ⅲ类 | Ⅲ类 | Ⅲ类 | Ⅲ类 | 松花江水土污染防控带 |
| | 莲花河八屯闸 | 黑龙江水系 | — | — | — | Ⅳ类 | Ⅳ类 | 三江平原湿地生物多样性保护区 |
| | 浓江乡 | 黑龙江水系 | — | — | — | Ⅳ类 | Ⅳ类 | 三江平原湿地生物多样性保护区 |
| | 松花江口下 | 黑龙江水系 | — | — | — | Ⅲ类 | Ⅲ类 | 三江平原湿地生物多样性保护区 |
| | 汤旺河口内 | 松花江水系 | Ⅳ类 | Ⅳ类 | Ⅲ类 | Ⅲ类 | Ⅲ类 | 松花江水土污染防控带 |
| | 同江 | 松花江水系 | Ⅲ类 | Ⅲ类 | Ⅲ类 | Ⅳ类 | Ⅲ类 | 松花江水土污染防控带 |
| | 乌苏镇 | 乌苏里江水系 | Ⅲ类 | Ⅲ类 | Ⅲ类 | Ⅲ类 | Ⅲ类 | 三江平原湿地生物多样性保护区 |
| 双鸭山市 | 宝清大桥 | 乌苏里江水系 | Ⅲ类 | Ⅲ类 | Ⅲ类 | Ⅲ类 | Ⅲ类 | 三江平原湿地生物多样性保护区 |
| | 寒葱沟水库坝下 | 松花江水系 | — | — | — | Ⅲ类 | Ⅲ类 | 完达山生态安全屏障区 |
| | 挠力河口内 | 乌苏里江水系 | Ⅳ类 | Ⅲ类 | Ⅲ类 | Ⅲ类 | Ⅲ类 | 三江平原湿地生物多样性保护区 |
| | 炮台亮子 | 乌苏里江水系 | — | — | — | Ⅳ类 | Ⅳ类 | 三江平原湿地生物多样性保护区 |
| | 饶河上 | 乌苏里江水系 | Ⅲ类 | Ⅲ类 | Ⅲ类 | Ⅲ类 | Ⅲ类 | 完达山生态安全屏障区 |
| | 兴农排灌站 | 松花江水系 | Ⅳ类 | Ⅳ类 | Ⅳ类 | Ⅳ类 | Ⅳ类 | 松花江水土污染防控带 |
| 鹤岗市 | 名山 | 黑龙江水系 | Ⅳ类 | Ⅳ类 | Ⅳ类 | Ⅱ类 | — | 松花江水土污染防控带 |
| | 向阳林场 | 黑龙江水系 | — | — | — | Ⅲ类 | Ⅲ类 | 小兴安岭生态安全屏障区 |
| | 嘟噜河萝北县 | 松花江水系 | — | — | — | Ⅲ类 | Ⅲ类 | 松花江水土污染防控带 |
| | 三股流 | 松花江水系 | — | — | — | Ⅴ类 | Ⅳ类 | 松花江水土污染防控带 |

| 地市名称 | 断面名称 | 水系名称 | 水质类别 | | | | | 分区 |
|---|---|---|---|---|---|---|---|---|
| | | | 2018年 | 2019年 | 2020年 | 2021年 | 2022年 | |
| 鹤岗市 | 五库出口 | 松花江水系 | — | — | — | Ⅲ类 | Ⅲ类 | 小兴安岭生态安全屏障区 |
| | 松花江口上 | 黑龙江水系 | Ⅳ类 | Ⅳ类 | Ⅲ类 | Ⅲ类 | Ⅲ类 | 松花江水土污染防控带 |
| | 绥滨入 | 松花江水系 | — | — | — | Ⅲ类 | Ⅲ类 | 松花江水土污染防控带 |
| | 梧桐河口内 | 松花江水系 | Ⅳ类 | Ⅳ类 | Ⅲ类 | Ⅲ类 | Ⅲ类 | 松花江水土污染防控带 |
| 伊春市 | 巴兰河带岭区 | 松花江水系 | — | — | — | Ⅲ类 | Ⅱ类 | 小兴安岭生态安全屏障区 |
| | #晨明 | 松花江水系 | — | — | — | Ⅳ类 | Ⅳ类 | 小兴安岭生态安全屏障区 |
| | 大丰河桥 | 松花江水系 | — | — | — | Ⅱ类 | Ⅱ类 | 小兴安岭生态安全屏障区 |
| | #渡口贝雷钢桥* | 松花江水系 | — | — | — | Ⅳ类 | Ⅲ类 | 小兴安岭生态安全屏障区 |
| | 嘉荫河大桥 | 黑龙江水系 | — | — | — | Ⅲ类 | Ⅲ类 | 小兴安岭生态安全屏障区 |
| | #友好* | 松花江水系 | Ⅳ类 | Ⅴ类 | Ⅳ类 | Ⅴ类 | Ⅲ类 | 小兴安岭生态安全屏障区 |
| | 育林大桥 | 松花江水系 | — | — | — | Ⅳ类 | Ⅳ类 | 小兴安岭生态安全屏障区 |
| | #苗圃* | 松花江水系 | — | — | — | Ⅲ类 | — | 小兴安岭生态安全屏障区 |
| | #挡石河冲锋桥** | 松花江水系 | — | — | — | Ⅱ类 | — | 小兴安岭生态安全屏障区 |
| | 西南岔河 | 松花江水系 | — | — | — | Ⅲ类 | Ⅲ类 | 小兴安岭生态安全屏障区 |
| 七台河市 | 抢肯 | 松花江水系 | 劣Ⅴ类 | Ⅳ类 | Ⅳ类 | Ⅳ类 | Ⅲ类 | 完达山生态安全屏障区 |
| | 桃山水库 | 松花江水系 | — | — | — | Ⅳ类 | Ⅲ类 | 完达山生态安全屏障区 |
| | 二十二连 | 松花江水系 | — | — | — | Ⅳ类 | Ⅲ类 | 完达山生态安全屏障区 |

| 地市名称 | 断面名称 | 水系名称 | 水质类别 | | | | | 分区 |
|---|---|---|---|---|---|---|---|---|
| | | | 2018 年 | 2019 年 | 2020 年 | 2021 年 | 2022 年 | |
| 七台河市 | 龙头桥水库库尾 | 乌苏里江水系 | — | — | — | Ⅳ类 | Ⅳ类 | 完达山生态安全屏障区 |
| 依兰县 | 宏克利（佳木斯上） | 松花江水系 | Ⅲ类 | Ⅲ类 | Ⅲ类 | Ⅲ类 | Ⅲ类 | 松花江水土污染防控带 |
| | 牡丹江口内 | 松花江水系 | Ⅲ类 | Ⅲ类 | Ⅲ类 | Ⅲ类 | Ⅲ类 | 松花江水土污染防控带 |
| 依兰县 | 倭肯河口内 | 松花江水系 | Ⅳ类 | Ⅴ类 | Ⅲ类 | Ⅲ类 | Ⅲ类 | 完达山生态安全屏障区 |
| | 巴兰河口内 | 松花江水系 | — | — | — | Ⅱ类 | Ⅲ类 | 松花江水土污染防控带 |

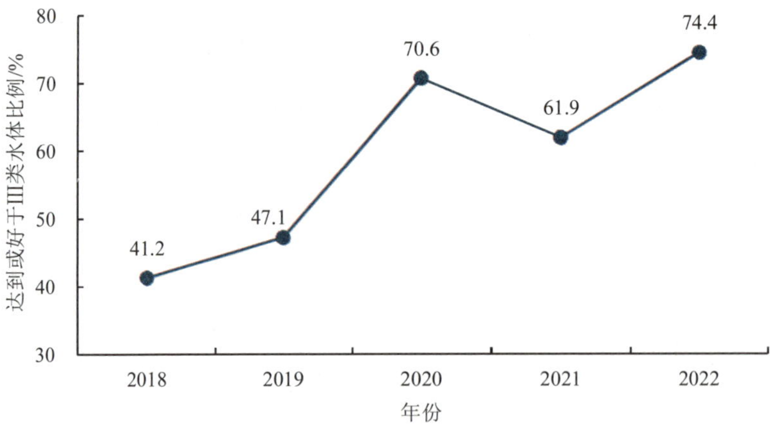


**图 5-2　2018—2022 年项目区达到或好于Ⅲ类水体比例**

从空间上看，松花江支流汤旺河流域、黑龙江佳木斯江段的局部水体水质距优良水体有一定差距。对比 2018 年和 2022 年国控断面水质类别，除伊春市汤旺河友好断面水质和佳木斯市乌苏里江别拉洪村断面变差外，其他断面水质均呈现变好趋势。2022 年松花江干流国控断面水质全部达到Ⅲ类，松花江支流汤旺河友好断面水体为Ⅴ类，超标项目为有机污染物高锰酸盐指数和化学需氧量。根据中国环境监测总站2022年“第四批地表水国控断面环境本底判定”通报结果，汤旺河友好、五道库河渡口贝雷钢桥2个断面，当高锰酸盐指数和化学需氧量监测结果超过Ⅲ类标准值时，以Ⅲ类标准值替代实际监测结果参与排名计算。2022年佳木斯乌苏里江别拉洪村断面超标因子为高锰酸盐指数、化学需氧量、总磷，超标率分别为60%、80%、20%。

小兴安岭生态安全屏障分区主要有伊春市监测断面和鹤岗市监测断面。分区内地表多为森林与低矮乔灌木所覆盖，所以地表以林地为主，伊春市土壤类型主要有地带性土壤-暗棕壤，非地带性土壤-草甸土、沼泽土和泥炭土等，其中暗棕壤是主要森林土壤，导致伊春市土地自然肥力高，有机质含量高，表层腐殖质含量高。水体中高锰酸盐指数和化学需氧量等指标本底值高，开河期间地表径流将大量有机污染物带入河流，加之河流径流量变大，对水体扰动增加，河底沉积的污染物重新进入水体，导致水体高锰酸盐指数和化学需氧量超标。高锰酸盐指数和化学需氧量超标主要原因在于流域上游水体有机质高，而非沿程污染导致。2022年分区内共设有12个国控监测断面，扣除背景值后达到或好于Ⅲ类水体比例为80%，河流水系水质状况总体良好，国控断面劣Ⅴ类水体清零。

完达山屏障分区地表水主要有双鸭山市、七台河市监测断面和依兰县监测断面。2018年，七台河市地表水唯一国控监测断面——抢肯断面为劣Ⅴ类水体，主要污染物为高锰酸盐指数、五日生化需氧量、氨氮、化学需氧量、总氮、总磷。2022年分区内共设有7个国控监测断面，达到或好于Ⅲ类水体比例为85.7%，河流水系水质状况总体良好，国控断面劣Ⅴ类水体清零。2022年倭肯河水质状况为良好，其中优良水体断面3个，优良水体比例为100%，劣Ⅴ类水体比例为0。高锰酸盐指数和化学需氧量污染指标年均浓度全部下降。

松花江水土污染防控带分区地表水丰富，主要有佳木斯市、鹤岗市、双鸭山市和依兰县监测断面。2022年分区内共设有14个国控监测断面，达到或好于Ⅲ类水体比例为84.6%，河流水系水质状况总体良好，国控断面劣Ⅴ类水体清零。主要污染断面为安邦河兴农排灌站和鹤岗市三股流断面。安邦河主要污染因子为高锰酸盐指数和化学需氧量，年均浓度分别超标0.15倍和0.18倍。主要原因是支流、入河明渠生活源污染严重，安邦河沿岸农田施用的农药、化肥被雨水冲刷入河，农药、除草剂瓶等废弃物沿河丢弃比较普遍，支流和明渠存在分散畜禽养殖场，养殖污染直排入河。鹤立河流经鹤岗市区，中途汇入生活污水和工业废水，成为一条纳污河，沿岸化肥和农药会随着农田排水和雨水流入河流，因此河水污染比较严重，其主要污染物为五日生化需氧量、高锰酸盐指数等。

三江平原湿地生物多样性保护区分区主要有佳木斯市和双鸭山市。2022 年分区内共设有 9 个国控监测断面，达到或好于Ⅲ类水体比例为 44.4%，河流水系水质状况总体较差。造成分区水质较差的原因主要有上游的污染和佳木斯市的污染，城市内河河水以及农田灌溉水、含有农田面源污染物、植被腐殖质的雨水、雪融水汇聚于大小支流、沟渠，进入松花江、黑龙江和乌苏里江。正是由于含各种污染物的水体在此江段密集汇集，致使松花江、黑龙江、乌苏里江佳木斯江段高锰酸盐指数、氨氮、化学需氧量、总磷等污染较重。2018 年及 2022 年水质优良率变化情况见表 5-16。

表 5-16　2018 年及 2022 年水质优良率变化情况

| 分区 | 2018 年优良率/% | 2022 年优良率/% | 变化/% | 2018 年劣Ⅴ类比例/% | 2022 年劣Ⅴ类比例/% | 地表水得分/分 |
|---|---|---|---|---|---|---|
| Ⅰ-小兴安岭生态安全屏障 | 40.0 | 80.0 | 100 | 0 | 0 | 6.0 |
| Ⅱ-完达山生态安全屏障 | 33.3 | 85.7 | 157 | 33.3 | 0 | 6.0 |
| Ⅲ-松花江水土污染防控带 | 44.4 | 84.6 | 90.5 | 0 | 0 | 6.0 |
| Ⅳ-三江平原湿地生物多样性保护区 | 50.0 | 44.1 | −11.8 | 0 | 0 | 3.0 |
| 评估区 | 41.2 | 74.4 | 80.6 | 5.9 | 0 | 5.3 |

#### 5.3.2.2　饮用水水源地水质

2018 年伊春市市级集中式饮用水水源地有两处，伊春河水源地和东升水源地，满足《地下水质量标准》（GB/T 14848—2017）Ⅲ类水域的标准要求。2020 年新增饮用水水源地一处即伊春市翠峦区饮用水水源地（西山水库）。依据《关于征求“十四五”国控断面和饮用水水源水质目标意见的函》（环办便函〔2021〕317 号）中的意见：“‘十四五’期间伊春市翠峦区水源地扣除高锰酸盐指数和铁后进行评价。”扣除高锰酸盐指数和铁后伊春市翠峦区饮用水水源地水质类别 2022 年 1—12 月均达到《地表水环境质量标准》（GB 3838—2002）Ⅲ类，符合水源地水质要求。伊春河水源地和东升水源地 2022 年均达到Ⅲ类水质类别，符合水源地水质要求。2022 年伊春市县级水源地监测点位 10 个，实际监测点位 9 个，根据监测数据可知，9 个县级水源地扣除背景影响后均符合Ⅲ类水质类别，达到水源地水质要求。

鹤岗市饮用水水源地为五号水库和细鳞河水库，2018 年和 2022 年水质监测结果表明，两座水源地水质良好，各项指标均能够满足地表水Ⅲ类功能区要求。

2018 年，佳木斯市地下水水源八水源监测的 23 项指标除铁、锰两项外，全部达到国家《地下水质量标准》（GB/T 14848—2017）Ⅲ类水质要求。其余 21 项指标中除高锰酸盐指数、氨氮、砷外，其他项目均可满足《地下水质量标准》（GB/T 14848—2017）Ⅰ类水质标准。铁、锰污染是由于地质结构原因造成的，移除了铁、锰以外的 21 项指标再次进行评价，八水源 2018 年的水质为Ⅲ类，可以满足集中式生活饮用水水源水质要求。2022 年，佳木斯市及所辖市县 9 个饮用水水源开展了监测，所有水源地铁、锰均超标，扣除铁、锰背景值影响后水源地水质均能达到Ⅲ类，饮用水水源地水质状况总体保持稳定，能够满足集中式生活饮用水水源地水质要求，水质状况良好。

双鸭山“十三五”期间，城市 6 个地下集中式饮用水水源地和 1 个地表水饮用水水源地（寒葱沟水库）均满足《地表水环境质量标准》（GB 3838—2002）Ⅲ类标准和《地下水质量标准》（GB/T 14848—2017）Ⅲ类标准，水质达标率为 100%。2022 年 6 个地下水源地、1 个地表水源地均达标。

2018 年，七台河市地表水和地下水集中式饮用水水源地，水质符合《地表水环境质量标准》（GB 3838—2002）Ⅲ类标准和《地下水质量标准》（GB/T 14848—2017）Ⅲ类标准，达标率为 100%。2022 年水源地达标率为 100%。

综上，2022 年评估区范围内城市集中式生活饮用水水源地水质全部达标。饮用水水源地水质达标比例上升率得分均为 3 分。

### 5.3.3 土壤环境质量

“十三五”期间，共对伊春市 22 个村庄土壤开展了监测工作。结烈河村单项污染指数及综合污染指数均为中度污染，超标项目为镉；常青村单项污染指数为轻微污染，超标项目为镉，综合污染指数为尚清洁（警戒线）；其余 20 个村庄土壤环境中各项污染物 $P_i$ 值≤1，说明土壤环境没有受到污染，PN≤0.7，说明土壤环境清洁(安全),土壤环境良好。2022年伊春市重点建设用地安全利用率达100%。2022年伊春市共布设土壤监测点位3个，点位位于伊春市金林区西林镇，均为一般风险监控点位①。

“十三五”期间，七台河市9个村庄（连峰村、吉祥村、古城村、东方红村、巨丰村、驼腰村、幸福村、三合村、杏树村）的土壤样品低于农用地土壤污染风险筛选值（七台河市“十三五生态环境质量报告书”)。根据2022年七台河市5个重点风险监控点位监测数据可知，pH最小值为5.54，最大值为7.94；阳离子交换量最小值为12.4 cM/kg，最大值为28.4 cM/kg，均值为22.8 cM/kg；有机质最小值为13 g/kg，最大值为128 g/kg，均值为60.9 g/kg。8项常规无机项目检测值均低于风险筛选值，3项有机项目均低于风险筛选值。表明企业周边土壤暂时未存在重金属和有机氯农药超标的现象，污染风险低，土壤质量总体较好②。

2018年佳木斯市农村土壤环境质量监测点位布设以村庄为单元,2018年只对选测村进行了监测，每个村庄在基本农田、饮用水水源地周边、园地（果园、茶园）各布设1个监测点位，在重点区域土壤中选取两类各布设1个监测点位，共5个监测点位。监测项目为pH、阳离子交换量、镉、汞、砷、铅、铬及特征污染物六六六和滴滴涕，以《土壤环境质量标准》(GB 15618—1995）二级标准为评价依据，监测数据统计结果显示，10个监测点位各项污染物浓度值均达标，土壤环境质量较好。2021年，黑龙江省佳木斯生态环境监测中心按照相关要求，对17个基础点位土壤环境质量开展监测（表5-17)，对比点位分布图，17个点位均在松花江水土污染防控带分区内。17个环境质量基础点位分布在佳木斯市所辖的富锦市、郊区和桦南县，涵盖旱地和水田，基本反映了监测区域的土壤环境质量现状水平。其中pH最小值为4.70,最大值为8.27;阳离子交换量最小值为15.1 cM/kg，最大值为41.9 cM/kg，均值为32.5 cM/kg；有机质最小值为17.4 g/kg，最大值为93.5 g/kg，均值为49.6 g/kg。土壤基础点位监测项目中，有1个点位的铅高于风险筛选值，超过风险筛选值0.3倍，但低于风险管制值，占总监测点位的5.9%。其余无机及有机监测项目均未超过风险筛选值③。

① 数据来源：2020年、2022年伊春市环境质量报告书。

② 数据来源：2020年、2022年七台河市环境质量报告书。

③ 数据来源：2020年、2021年佳木斯市环境质量报告书，2022年佳木斯市未开展土壤环境监测工作。

表 5-17　2021 年佳木斯市土壤环境质量基础点位信息

| 序号 | 行政区 | 土地利用类型 | 土壤类型 |
|---|---|---|---|
| 1 | 郊区 | 耕地-水田 | 水稻土 |
| 2 | 郊区 | 耕地-旱地 | 黑土 |
| 3 | 郊区 | 耕地-旱地 | 暗棕壤 |
| 4 | 郊区 | 耕地-旱地 | 黑土 |
| 5 | 郊区 | 耕地-水田 | 水稻土 |
| 6 | 郊区 | 耕地-旱地 | 暗棕壤 |
| 7 | 桦南县 | 耕地-旱地 | 暗棕壤 |
| 8 | 桦南县 | 耕地-旱地 | 暗棕壤 |
| 9 | 桦南县 | 耕地-水田 | 水稻土 |
| 10 | 桦南县 | 耕地-旱地 | 黑土 |
| 11 | 桦南县 | 耕地-水田 | 水稻土 |
| 12 | 桦南县 | 耕地-旱地 | 黑土 |
| 13 | 桦南县 | 耕地-旱地 | 黑土 |
| 14 | 桦南县 | 耕地-旱地 | 草甸土 |
| 15 | 富锦市 | 耕地-旱地 | 黑土 |
| 16 | 富锦市 | 耕地-旱地 | 黑土 |
| 17 | 富锦市 | 耕地-旱地 | 黑土 |

数据来源：2021 年佳木斯市生态环境质量报告书。

“十三五”期间，双鸭山市土壤环境主要问题为集贤县五星村 1 块农用地出现铜锌超标问题；饶河县朝阳村 1 块农用地出现镍超标问题，该村位于三江湿地保护分区内，主要超标原因是农田施用的化肥或农田灌溉水质中镍含量高（背景值高可能性除外）。2021 年，双鸭山市市域及友谊县、宝清县土壤环境质量综合评价结果均为“无污染”，镉汞砷铅铬铜锌和镍 8 项监测项目有检出，其他无机和有机项目均未检出，检出的各项监测指标达标率均为 100%。[①]

综上，2022 年评估区范围内土壤环境各项污染物浓度值较 2018 年有所好转，土壤综合质量评价结果良好。4 个分区土壤环境质量达标率得分均为 3 分、土壤

① 数据来源：2020 年、2021 年双鸭山市环境质量报告书，2022 年双鸭山市未开展土壤环境监测工作。

安全利用率得分均为 3 分。

## 5.4 生物多样性

根据评估范围内已记录的野生哺乳类、鸟类、两栖类和蝶类等生态环境指示生物类群丰富度和国家重点保护物种数量的提升情况进行评价。分区内的生物多样性评价主要依据国家级自然保护区年度观测结果和省级自然保护区生态环境保护成效评估结果进行评价。

小兴安岭生态安全屏障分区内主要有黑龙江碧水中华秋沙鸭国家级自然保护区、黑龙江丰林国家级自然保护区、黑龙江朗乡国家级自然保护区、黑龙江凉水国家级自然保护区、黑龙江细鳞河国家级自然保护区等。

完达山生态屏障分区内主要有黑龙江七星山国家森林公园、黑龙江青山国家森林公园、黑龙江七星砬子东北虎国家级自然保护区、黑龙江西大圈省级自然保护区、黑龙江勃利乌斯浑河国家森林公园、黑龙江石龙山国家森林公园、黑龙江桃山湖国家湿地公园等。

松花江水土污染防控带屏障分区内有黑龙江富锦国家湿地公园、黑龙江桦川国家森林公园、黑龙江嘟噜河省级自然保护区、黑龙江水莲省级自然保护区、黑龙江绥滨两江湿地省级自然保护区、黑龙江安邦河湿地省级自然保护区、黑龙江佳木斯沿江湿地省级自然保护区、黑龙江桦川湿地省级自然保护区、黑龙江黑鱼泡湿地省级自然保护区等。

三江平原湿地生物多样性保护区主要有黑龙江挠力河国家级自然保护区、黑龙江七星河国家级自然保护区、黑龙江八岔岛国家级自然保护区、黑龙江黑瞎子岛国家级自然保护区、黑龙江洪河国家级自然保护区等。

### 5.4.1 生物类群丰富度

小兴安岭生态安全屏障分区内，黑龙江碧水中华秋沙鸭国家级自然保护区中华鸭数量由 150 只增长至 200 只，增长率为 33%。黑龙江乌马河紫貂国家级自然保护区紫貂（小兴安岭亚种）由 55 只增长至 100 只左右，增长率约为 82%。黑龙江新青国家湿地公园白头鹤种群数量由 80 只左右增长至 90 只左右，增长率约为

12%。其他保护区物种数量不同程度增加。

完达山生态安全屏障分区内，黑龙江西大圈省级自然保护区紫貂数量由 7 只增长至 13 只，红隼由 8 只增长至 17 只，水曲柳由 4 000 株增长至 5 500 株。

松花江水土污染防控带内，黑龙江富锦国家湿地公园白枕鹤由 9 只减少至 4 只，白琵鹭由 22 只增长至 93 只。黑龙江佳木斯沿江湿地省级自然保护区重要保护野生动物种东方白鹳、鸳鸯、灰、苍鹰、雀鹰、灰背隼、红隼数量均有显著增加。黑龙江安邦河湿地省级自然保护区保护物种数量由 31 512 只增加至 47 744 只。黑龙江桦川湿地省级自然保护区野大豆由 3 410 $hm^2$ 增长至 3 818 $hm^2$。

三江平原湿地生物多样性保护区内，黑龙江八岔岛国家级自然保护区 2018 年观测到东方白鹳 35 只，水曲柳 6 $hm^2$，4 000 株；2022 年保护区内东方白鹳增加到 52 只，水曲柳 6 $hm^2$，数量增加至 4 500 株。黑龙江七星河国家级自然保护区丹顶鹤、白枕鹤、白琵鹭等数量均有显著增加。黑龙江黑瞎子岛国家湿地公园东方白鹳数量由 20 只增加至 100 只。黑龙江洪河国家级自然保护区、黑龙江三江国家级自然保护区中重点保护野生动物数量均有所增加。

各分区生物类群丰富度按已获得自然保护区平均值参与计算。2018 年及 2022 年试点区生物类群丰富度变化情况见表 5-18。

表 5-18　2018 年及 2022 年试点区生物类群丰富度变化情况

| 分区 | 2018 年 | 2022 年 | 变化率 | 得分/分 |
|---|---|---|---|---|
| Ⅰ-小兴安岭生态安全屏障 | 见表 5-19 | 见表 5-19 | 增长约 5% | 5.0 |
| Ⅱ-完达山生态安全屏障 | | | 增长约 3% | 4.2 |
| Ⅲ-松花江水土污染防控带 | | | 增长约 4% | 4.6 |
| Ⅳ-三江平原湿地生物多样性保护区 | | | 增长约 5% | 5.0 |
| 评估区 | | | — | 4.7 |

### 5.4.2　国家重点保护物种数量

小兴安岭生态安全屏障分区内，黑龙江丰林国家级自然保护区、黑龙江朗乡国家级自然保护区、黑龙江凉水国家级自然保护区、黑龙江细鳞河国家级自然保护区国家重点保护物种数量均有多增加，增长率分别为 33%、7%、5%和 2%。

完达山生态安全屏障分区内，黑龙江七星山国家森林公园、黑龙江青山国家森林公园、黑龙江七星砬子东北虎国家级自然保护区调查结果显示，国家重点保护物种数量无变化。

松花江水土污染防控带，黑龙江富锦国家湿地公园国家重点野生动植物种由 11 种增长至 13 种，增长率为 2%。黑龙江安邦河湿地省级自然保护区重点保护野生动物种类数量由 2015 年的 18 种增长至 2020 年的 20 种，增长率为 2%。

三江平原湿地生物多样性保护区，黑龙江三环泡国家级自然保护区重点保护野生动植物种由 23 种增加至 26 种，增长率为 1%。黑龙江三江国家级自然保护区重要保护野生动植物种由 81 种增加至 109 种，增长率为 34%。

各分区重点野生动植物种类增长率按已获得自然保护区数据平均值参与计算，见表 5-19。

表 5-19 2018 年及 2022 年试点区重点野生动植物种类变化情况

| 分区 | 2018 年 | 2022 年 | 变化 | 得分/分 |
|---|---|---|---|---|
| Ⅰ-小兴安岭生态安全屏障 | 见表 5-21 | 见表 5-21 | 约 2% | 3.8 |
| Ⅱ-完达山生态安全屏障 | | | 0 | 3.0 |
| Ⅲ-松花江水土污染防控带 | | | 约 2% | 3.8 |
| Ⅳ-三江平原湿地生物多样性保护区 | | | 约 1% | 3.4 |
| 评估区 | | | 约 1.25% | 3.5 |

## 5.5 生态系统服务功能

生态系统服务功能主要指生态系统为人类提供的水源涵养、土壤保持、防风固沙、固碳、海岸防护等方面的功能。试点区生态系统服务功能主要从水源涵养、水土保持和固碳 3 个方面进行评估。

### 5.5.1 水源涵养功能

水源涵养是生态系统（如森林、草地等）通过其特有的结构与水相互作用，对降水进行截留、渗透、蓄积，并通过蒸散发实现对水流、水循环的调控。主要表现在缓和地表径流、补充地下水、减缓河流流量的季节波动、滞洪补枯、保证水质等方面。以水源涵养量作为生态系统水源涵养功能的评价指标。

在2018年和2022年两个时期，小兴安岭-三江平原水源涵养服务功能重要性评价结果表明，项目区水源涵养服务功能在2022年重要性评价结果为一般重要及较重要区域面积约为24 800 km$^2$，约占小兴安岭-三江平原区域总面积的24.9%；水源涵养服务功能中等重要区域面积约为25 321 km$^2$，占区域总面积的25.4%；水源涵养服务功能高度重要和极重要区域面积约为49 462 km$^2$，约占区域总面积的49.6%。相较2018年，项目区水源涵养服务功能在2022年重要性评价结果为一般重要及较重要区域面积减少约12.1%（12 068 km$^2$），中等重要区域面积减少约1.8%（1 780 km$^2$），而高度重要和极重要区域面积增加约13.9%（13 848 km$^2$）。此外，小兴安岭-三江平原水源涵养服务功能重要及以上增加区域主要分布于小兴安岭以及完达山一带。分区水源涵养量变化情况如表5-20所示。

表5-20 2018年及2022年水源涵养量变化情况

| 分区 | 2018年水源涵养指数/（m$^3$/a） | 2022年水源涵养指数/（m$^3$/a） | 水源涵养指数变化/% | 得分/分 |
|---|---|---|---|---|
| Ⅰ-小兴安岭生态安全屏障 | 81.0 | 85.1 | 5.2 | 10.0 |
| Ⅱ-完达山生态安全屏障 | 75.7 | 78.3 | 3.4 | 8.2 |
| Ⅲ-松花江水土污染防控带 | 45.6 | 45.6 | 0.1 | 3.0 |
| Ⅳ-三江平原湿地生物多样性保护区 | 56.5 | 56.8 | 0.5 | 8.0 |
| 评估区 | 64.7 | 66.5 | 2.8 | 7.3 |

## 5.5.2 水土保持功能

水土保持是生态系统（如森林、草地等）通过其结构与过程减少由于水蚀所导致的土壤侵蚀的作用，是生态系统提供的重要调节服务之一。水土保持功能主要与气候、土壤、地形和植被有关。以土壤保持量，即潜在土壤侵蚀量与实际土壤侵蚀量的差值，作为生态系统水土保持功能的评价指标。

在 2018 年和 2022 年两个时期，小兴安岭-三江平原水土保持服务功能重要性评价结果表明，项目区水土保持服务功能在 2022 年重要性评价结果为一般重要及较重要区域面积约为 15 090 $km^2$，约占小兴安岭-三江平原区域总面积的 15.2%；水土保持服务功能中等重要区域面积约为 31 274 $km^2$，占区域总面积的 31.4%；水土保持服务功能高度重要和极重要区域面积约为 53 219 $km^2$，约占区域总面积的 53.4%。相较 2018 年，项目区水土保持服务功能在 2022 年重要性评价结果为一般重要及较重要区域面积减少约 15.8%（15 780 $km^2$），中等重要区域面积增加约 3.5%（3 439 $km^2$），而高度重要和极重要区域面积增加约 12.3%（12 341 $km^2$）。此外，小兴安岭-三江平原水土保持服务功能重要及以上增加区域主要分布于小兴安岭以及完达山一带。分区水土保持极重要和重要面积变化情况如表 5-21 所示。

表 5-21　2018 年及 2022 年水土保持极重要和重要面积变化情况

| 分区 | 2018 年水土保持面积/$km^2$ | 2022 年水土保持面积/$km^2$ | 变化/% | 得分/分 |
|---|---|---|---|---|
| Ⅰ-小兴安岭生态安全屏障 | 16 965 | 22 342 | 31.7 | 5.0 |
| Ⅱ-完达山生态安全屏障 | 11 986 | 15 056 | 25.6 | 4.8 |
| Ⅲ-松花江水土污染防控带 | 4 973 | 6 465 | 30.0 | 10.0 |
| Ⅳ-三江平原湿地生物多样性保护区 | 6 954 | 9 356 | 34.5 | 5.0 |
| 评估区 | 40 878 | 53 219 | 30.2 | 6.2 |

### 5.5.3　固碳功能评价

小兴安岭-三江平原区域 2018—2022 年 NPP 的时间变化序列结果如图 5-3 所示。可以看出，小兴安岭-三江平原区域在 2018—2022 年，NPP 变化呈现先减小后增加的趋势，2020 年之后，区域 NPP 显著增加。其中，在 2018 年，区域平均 NPP 值约为 474.0 gC/（$m^2$·a）。而在 2022 年，区域平均 NPP 达到了最高值，约为 480.5 gC/（$m^2$·a）。

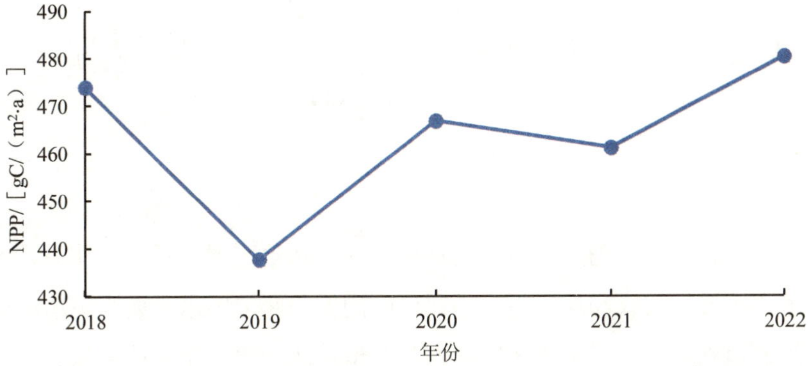


图 5-3 小兴安岭-三江平原区域 2018—2022 年 NPP 时间序列变化情况

小兴安岭-三江平原区域在2018年和2022年NPP的空间分布格局相较2018年，小兴安岭-三江平原区域在 2022 年，大部分区域（约占总面积的 86%）的 NPP 呈增加的特征，而有约 14%的区域 NPP 呈现减小的特征。此外可以看到在小兴安岭生态安全屏障、松花江水土污染防控带、完达山生态安全屏障区域范围内 NPP 主要呈现增加的特征，而具有减少趋势的区域主要集中在三江平原湿地生物多样性保护区。

对比小兴安岭-三江平原区域 2018 年和 2022 年 NPP 的时间变化序列结果如图 5-3 所示。可以看出，小兴安岭-三江平原区域在 2018—2022 年，NPP 变化呈现先减小后增加的趋势，2020 年之后，区域 NPP 显著增加。其中，在 2018 年，区域平均 NPP 值约为 474.0 gC/（$m^2$·a）。而在 2022 年，区域平均 NPP 达到了最高值，约为 480.5 gC/（$m^2$·a）。分区 NPP 变化值如表 5-22 所示。

表 5-22 2018 年及 2022 年 NPP 及固碳能力变化情况

| 分区 | 2018 年 NPP/［gC/（$m^2$·a）］ | 2022 年 NPP/［gC/（$m^2$·a）］ | 变化率/% | 得分/分 |
|---|---|---|---|---|
| Ⅰ-小兴安岭生态安全屏障 | 768.3 | 785.4 | 2.2 | 4.1 |
| Ⅱ-完达山生态安全屏障 | 605.8 | 611.3 | 0.9 | 3.6 |
| Ⅲ-松花江水土污染防控带 | 210.3 | 211.5 | 0.6 | 3.5 |
| Ⅳ-三江平原湿地生物多样性保护区 | 313.1 | 313.6 | 0.2 | 3.3 |
| 评估区 | 474.0 | 480.5 | 1.40 | 3.6 |

## 5.6 人为胁迫及其他

### 5.6.1 人为胁迫

根据人为胁迫因素确定人为胁迫指数，人为胁迫因素包括开发建设、不合理开垦种植、不合理放牧和环境污染。评估区的人为胁迫因素主要为环境污染，通过环境污染消除情况来确定该区域的人为胁迫指数。根据实施前后水、土等环境污染物排放情况进行评价。不存在污染物排放的，得 8 分；环境质量达标，存在污染物排放的，1 项扣 2 分，扣完为止；环境质量不达标，存在污染物排放的，不得分。项目区环境质量达标，存在水和土壤污染物排放，扣 4 分，该项得分为 4 分。根据水环境质量变化和土壤环境质量变化，评估区 4 个分区环境质量均达标，且存在水和土壤污染物排放，因此该项得分均为 4 分。

### 5.6.2 特色指标

4 个分区选择不同的特色指标，依据《区域生态质量评价方法》计算方法进行计算。

#### 5.6.2.1 小兴安岭生态安全屏障——生境质量指数

生境质量指数指评价区由于生态系统类型不同而体现的生物栖息地质量差异。由林地指数、草地指数、水域湿地指数、耕地指数等计算得出。工程实施后小兴安岭生态安全屏障森林生态系统增长 14 956 $hm^2$，计算得出小兴安岭生态安全屏障区的生境质量指数由 2018 年的 84.59 上升至 2022 年的 84.97，提升率为 4.5%。该项指标得分 4 分。

#### 5.6.2.2 完达山生态安全屏障——生境质量指数

工程实施后完达山生态安全屏障森林生态系统增长 6 266 $hm^2$，湿地生态系统增加 150 $hm^2$，计算得出完达山生态安全屏障区的生境质量指数由 2018 年的 52.25 上升至 2022 年的 52.44，提升率为 3.6%。该项指标得分 4 分。

#### 5.6.2.3 松花江水土污染防控带——退化耕地修复指数

截至 2022 年年底，涉及三江平原的高标准农田建设项目全部竣工，完成新增高标准农田建设任务 25 000 $hm^2$ 的绩效目标。松花江富锦段沿岸退化耕地修复治理工程 2019—2021 年修复退化耕地面积 32.15 万亩，完成秸秆还田面积 21 432.91 $hm^2$，耕地增施有机肥面积 2 480.11 $hm^2$，通过秸秆还田及施用有机肥，提高农民对耕地质量退化的意识，自觉进行秸秆还田等农业措施，改善农田生态环境，提高黑土耕地质量。该项指标得分 4 分。

#### 5.6.2.4 三江湿地生物多样性保护区——重点保护生物指数

三江湿地生物多样性保护区是我国珍稀水禽的重要栖息地之一，也是候鸟的重要迁徙停歇地之一。据统计，分区内国家级自然保护区共有东方白鹳 1 000 余只，雁鸭类水鸟迁徙数量约 40 万只，丹顶鹤、白枕鹤、白头鹤数量也呈增长趋势。经计算，该区域重点保护生物指数由 2018 年的 29.02 上升至 2022 年的 29.98，上升了 3.3%，因此该项得分 4 分。

### 5.6.3 公众满意度

为了解公众对于生态修复的总体认识、对区域生态特色和价值的认识以及期望的生态修复工作方向和目标，项目组针对大众人群设计了《黑龙江省小兴安岭-三江平原山水林田湖草生态保护修复实施满意程度》，通过微信等方式进行发放。截至 2023 年 11 月 28 日，共回收有效问卷 535 份（表 5-23）。参与问卷调查的人员年龄集中在 18～55 岁，主要工作及居住地为项目区所在地。调查结果显示，多数调查者认为自己对生态修复很了解或了解一些。

表 5-23 项目区各地市/县参加调查问卷人次及占比

| 选项 | 小计/人次 | 比例/% |
|---|---|---|
| 佳木斯市 | 122 | 22.80 |
| 鹤岗市 | 80 | 14.95 |
| 双鸭山市 | 104 | 19.44 |
| 伊春市 | 138 | 25.79 |
| 七台河市 | 58 | 10.84 |
| 依兰县 | 33 | 6.17 |
| 本题有效填写人次 | 535 | |

问卷结果显示，参与调查人员了解生态保护修复相关政策、规划、工程等。了解渠道排名前三的分别是政府活动、网络和电视广播（图 5-4）。约 80%的调查人群对生态保护修复成效的总体满意程度为非常满意，超过 70%的调查人群表示生态保护修复实施主要体现在生态环境问题解决、生态环境持续好转等方面（图 5-5 和图 5-6）。主要建议有争取实施更多的生态修复项目，在资金和政策上加大支持力度，维持生态修复成果持续发展，为居民创造美好的生活环境（图 5-7）。

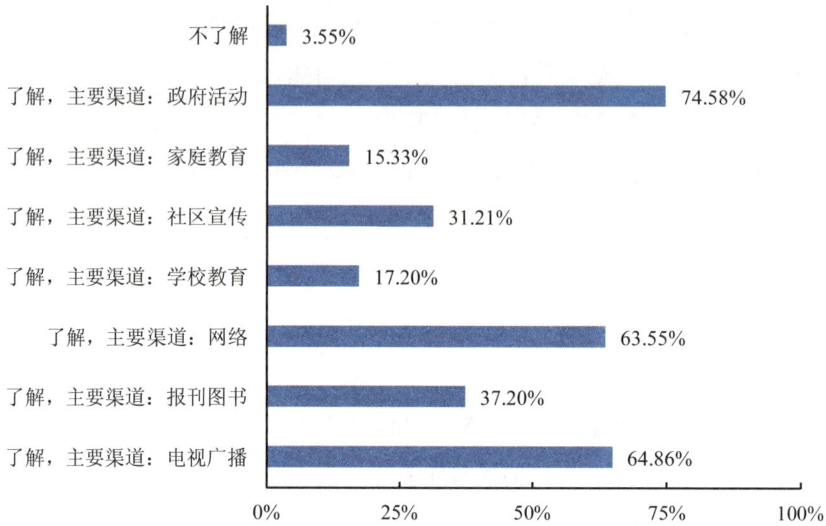


图 5-4　公众对生态保护修复相关政策、规划、工程等的了解渠道

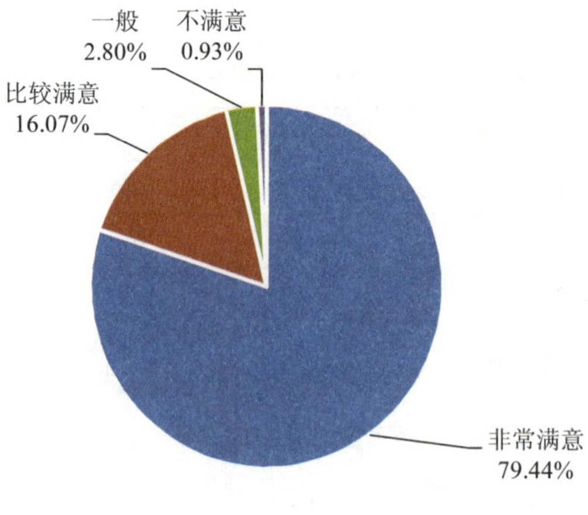


图 5-5　公众对生态保护修复成效的总体满意程度

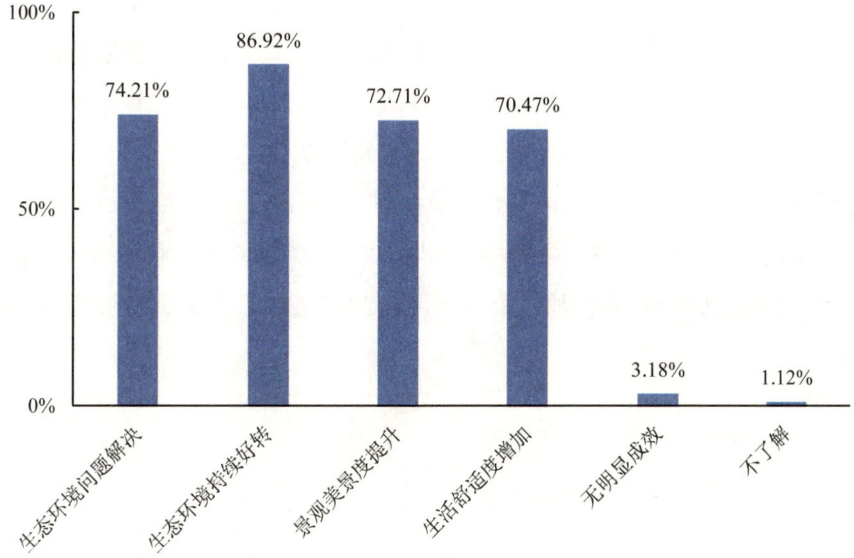


图 5-6　生态保护修复实施成效的具体体现

图 5-7　意见或建议的主要关键词

小兴安岭生态安全屏障分区公众满意度以伊春市和鹤岗市民众满意度平均值计算。其中，伊春市共有 138 人参加，鹤岗市共有 80 人参加，公众满意度为 96.79%，得分 8 分。

完达山生态安全屏障分区公众满意度以双鸭山市、七台河市和依兰县民众满意度平均值计算。其中，双鸭山市共有 104 人参加，七台河市共有 58 人参加，依兰县共有 33 人参加，公众满意度为 94.36%，得分 7 分。

松花江水土污染防控带分区公众满意度以双鸭山市、佳木斯市、鹤岗市和依兰县民众满意度平均值计算。其中，双鸭山市共有 104 人参加，佳木斯市共有 122 人参加，鹤岗市共有 80 人参加，依兰县共有 33 人参加，公众满意度为 95.58%，得分 8 分。

# 第 6 章

## 综合成效评估

生态保护成效是指生态保护修复相关政策、规划、工程等在优化生态系统格局、提升生态系统质量、增强生态系统服务功能、消除人为胁迫、维护生态环境效益持续发挥等方面取得的效果。

## 6.1 绩效目标评价

通过开展小兴安岭-三江平原区域山水林田湖草生态保护修复工程，区域生态安全屏障功能得到全面提升，《实施方案》目标任务完成、资金使用及项目建设情况总体较好。

在目标完成情况方面，通过实施森林保护修复、矿山环境治理恢复、土地整治与修复、生物多样性保护、水环境保护治理、监管能力提升六大类工程，小兴安岭-三江平原生态环境质量总体得到改善，主要污染物排放总量减少，生物多样性保护加强，生态系统服务功能稳定提高，生态安全屏障地位进一步巩固，生态保护修复体制机制逐步完善。具体指标完成率高，4 类共计 15 项生态环境考核指标均已完成，其中，新增林草保护修复面积、新增矿山保护修复面积、新增水土流失保护治理面积、氨氮消减、COD 消减、总磷消减、新增高标准农田建设、湿地保护修复等指标均明显超额完成。

绩效完成方面，通过调查评估，55 项工程完成了工程效益生态目标。其中有 22 项工程超额完成效益目标，包括小兴安岭腹地南北山林缘交错带生态修复工程、小兴安岭腹地南山植被恢复与保护工程、七台河市废弃煤矿矿山恢复治理工程、倭肯河流域七台河段破损山体生态修复工程、三江平原土地整治高标准农田项目、佳木斯市内河区域环境治理工程等。

8 项工程未完成预期生态效益生态目标，包括小兴安岭腹地北山植被恢复与保护工程，该项目受耕地进出平衡政策影响未能完成效益目标；勃利县吉兴河流域生态修复工程因 30 余 $hm^2$ 湿地被农民开垦为耕地，项目建设方与村民协调未达成，待后续实施整改工作，因此未完成湿地修复 50 $hm^2$ 的绩效目标；七台河市山水林田湖草倭肯河流域城区下游段生态保护与修复工程恢复林地 63.93 $hm^2$，未完成恢复林地 100 $hm^2$ 的效益指标，其他项生态效益超额完成；双鸭山市马蹄河水体水质提升工程主体工程完工，尚未完成生态绩效目标核算；依兰县污水处理厂二期扩建工程、宝清县宝清镇饮用水水源地一级保护区整改工程实际完成效益目标与原设定目标有差距；哈尔滨化工产业园污水处理工程、双鸭山经济技术开发区污水处理厂及中水回用工程未投产使用，待污水管线接通后产生污染物消减生态效益。

## 6.2 修复成效指数

根据指标赋分细则，计算试点区生态保护修复成效指数。项目区生态保护修复成效指数（ERI）为 84.9 分，成效等级良好，表明项目区生态保护修复工程取得了明显成效。4 个分区小兴安岭生态安全屏障、完达山生态安全屏障、松花江水土污染防控带、三江平原湿地生物多样性保护区 ERI 分别为 87.1 分、83.8 分、86.4 分、82.1 分。各分区和试点区分项得分情况如表 6-1 所示。

表 6-1 生态保护修复成效评估指标及分值

| 序号 | 评估指标 | 小兴安岭生态安全屏障 | 完达山生态安全屏障 | 松花江水土污染防控带 | 三江平原湿地生物多样性保护区 | 试点区全区 |
|---|---|---|---|---|---|---|
| 1 | 重要生态系统面积 | 8.2 | 7.5 | 8.6 | 8.5 | 8.2 |
| 2 | 生态连通度 | 8.0 | 6.8 | 5.9 | 5.0 | 6.4 |
| 3 | 自然岸线保有率 | 6.0 | 6.0 | 6.0 | 6.0 | 6.0 |
| 4 | 植被覆盖度 | 6.0 | 9.7 | 10 | 9.9 | 8.9 |
| 5 | 环境质量 | 15.0 | 15.0 | 15.0 | 12.0 | 14.3 |
| 6 | 生物多样性 | 8.8 | 7.2 | 8.4 | 8.4 | 8.2 |
| 7 | 主导生态功能 | 19.1 | 16.6 | 16.5 | 16.3 | 17.1 |
| 8 | 人为胁迫 | 4.0 | 4.0 | 4.0 | 4.0 | 4.0 |
| 9 | 公众满意度 | 8.0 | 7.0 | 8.0 | 8.0 | 7.8 |
| 10 | 特色指标 | 4.0 | 4.0 | 4.0 | 4.0 | 4.0 |
| 总计 | | 87.1 | 83.8 | 86.4 | 82.1 | 84.9 |

小兴安岭生态安全屏障是区域重要水源涵养区，主要实施有 6 项森林保护修复类、8 项土地综合整治类和 5 项矿山修复类等工程。工程实施后分区内重要生态

面积增加约 14 956 $hm^2$，生态连通度提高了 0.7%，扣除背景值后达到或好于Ⅲ类水体占比 80%，河流水系水质状况总体良好，国控断面劣Ⅴ类水体清零。区内中重点保护物种中华秋沙鸭、紫貂等数量有显著增加，主导生态功能水源涵养和水土保持功能均有提升，公众满意度达到97%，分区生态保护修复成效得分 87.1 分，成效等级良好。

完达山生态安全屏障分区是区内众多河流的发源地，多个省级自然保护区，动植物资源丰富，实施有 3 项森林保护类工程、4 项土地整治类工程、8 项矿山修复类和 6 项水环境保护类工程等。工程实施后重要生态面积增加约 1 213 $hm^2$，生态连通度提高了 0.3%，植被覆盖指数增加了 4.7%。达到或好于Ⅲ类水体比例为 85.7%，河流水系水质状况总体良好。倭肯河抢肯断面劣Ⅴ类水体消除，2022 年监测为Ⅲ类水体。区内东北黑蜂国家级自然保护区保护种群数量由 2018 年的 32 011 群降低至 25 520 群。主导生态功能水源涵养和水土保持功能均有提升，公众满意度达到 94%，分区生态保护修复成效得分 83.8 分，成效等级良好。

松花江水土污染防控带分区河道和滩地开阔，是我国重要的商品粮生产基地和绿色食品生产基地，区内实施有 4 项土地整治类工程、3 项生物多样性保护工程和 8 项水环境保护类工程等。工程实施后重要生态面积增加约 7 404 $hm^2$，生态连通度提高了 0.2%，达到或好于Ⅲ类水体比例为 84.6%，河流水系水质状况总体良好，国控断面劣Ⅴ类水体清零。区内保护区中重点保护物种东方白鹳、雀鹰、灰背隼、红隼等数量有显著增加，主导生态功能水源涵养和水土保持功能均有提升，公众满意度达到 96%，分区生态保护修复成效得分 86.4 分，成效等级良好。

三江平原湿地生物多样性保护区是我国湿地及其生物多样性最为丰富的关键地区之一，也是许多珍稀濒危动物，尤其是水禽的重要栖息地和繁殖地。分区内实施有 4 项生物多样性保护工程和 5 项水环境保护类项目工程等。工程实施后重要生态面积增加约 6 328 $hm^2$。区内国控断面劣Ⅴ类水体清零，但达到或好于Ⅲ类水体比例为 44.4%，河流水系水质状况为污染。原因是该分区处于区域下游，由于含各种污染物的水体在此江段密集汇集，水环境相对较差。区内保护区中重点保护物种东方白鹳、丹顶鹤、白枕鹤、白琵鹭等数量有显著增加，水曲柳等重点保护植物数量也有所增加。主导生态功能水源涵养和水土保持功能均有提升，公众满意度达到 96%，分区生态保护修复成效得分 82.1 分，成效等级良好。

# 6.3 生态保护修复成效

## 6.3.1 生态效益

### 6.3.1.1 水源涵养能力持续加强，区域地下水储量提升

森林是重要的国土资源和陆表系统关键地理单元，是国家生态安全屏障的主体、自然资源的重要蕴藏区、生物多样性的宝库，在水资源安全保障、防洪抗旱、水质净化、生物多样性保护和经济社会发展中发挥着不可替代的作用。但我国特有的阶梯地貌格局造成了地表物质稳定性差、生态环境脆弱、山地灾害频发，加上人类活动对生态系统的干扰，导致山区成为“地形上的高地、经济上的低谷”。森林对全球环境变化、区域气候和流域人类活动响应敏感，工业化、城市化和农业集约利用带来的森林生态环境问题，是世界各国面临的共同挑战。

在项目实施期内，通过开展 8 项森林保护修复类工程，结合“设计、采购、施工一体化”的 EPC 组织实施新模式，项目共计完成新增林草保护修复面积 9 415.55 $hm^2$。并开展科技创新，通过采用“3S”技术（遥感技术 RS、地理信息技术 GIS、全球定位系统 GPS），监测评估项目区森林生态修复工程保护项目区生态环境、提高森林质量、提升生态功能的成效。多源遥感监测数据结果表明，2018—2022 年，区域归一化植被指数提高 5.1%，植被净初级生产力达到 480 gC/($m^2$·a)，植被归一化植被指数和净初级生产力均达到 2000 年以来最高值，表明项目森林保护修复类工程显著拓展了森林空间，提高了森林覆盖率和植被生产力，为实现更多的碳固定、积累以及氧气的释放提供了有力支持。对生态系统功能的监测评估结果表明，新增水源涵养和水土保持功能为重要及其以上的区域约为 13.9%和 12.3%，表明区域生态功能提升卓有成效。遥感监测结果表明，区域陆地水资源储量变化呈现显著增加的趋势，相较 2018 年，项目实施期内区域陆地水资源储量长期平均增加约 70 mm，该遥感监测结果为证明区域水资源保障能力显著提升提供了强有力的数据支撑。

以上结果表明，通过开展森林保护修复工程，提高了区域水源涵养生态服务功能的能力，使得区域水资源保障能力有效提升，表明上述生态系统和区域的生态环境建设取得显著成效。因此，未来仍需牢固树立和践行“绿水青山就是金山

银山”的理念，为新时代美丽中国建设、推进经济社会高质量发展，持续提供强有力的科技支撑，为生态服务能力提升和可持续管理决策提供科学依据。

#### 6.3.1.2 水环境质量持续改善，优良水体比例显著提升

（1）巩固歼灭劣Ⅴ类水体成效，捍卫水环境攻坚战的胜利果实

《七台河市倭肯河污染综合治理攻坚战2020年实施方案》是《中共黑龙江省委黑龙江省人民政府关于全面加强生态环境保护坚决打好污染防治攻坚战的实施意见》在七台河市的具体行动，是贯彻落实省委、省政府和市委决策部署的重要举措，于2019年12月倭肯河口内氨氮0.4 mg/L属于Ⅱ类水，断面0.92 mg/L属于Ⅲ类水，提前完成国家交付的任务。倭肯河下游（依兰段）生态环境修复工程及七台河市山水林田湖草倭肯河流域城区段生态保护与修复工程等是落实推进与巩固水质提升成效的重要措施，截至2023年12月，抢肯断面仍保持Ⅲ类水质，对于打赢流域污染综合治理攻坚战，持续改善水环境质量具有重要的意义。

（2）高寒地区水生态治理效果长久保持示范效益

两河十四沟地处高寒地区，自然环境严酷，植物生长缓慢，生态环境脆弱。两河十四沟一期工程根据河道沟渠水量丰缺，设置不同种植面积并采用适宜的植被类型，成功恢复湿地面积77.33 $hm^2$，超过预计目标要求，同时前进沟、石头河、二道沟、三道沟4条河道不少于50%的河段恢复达到水清岸绿、鱼翔浅底的要求。其流域水生态治理成效，对于高寒地区植物修复技术应用具有示范意义。

（3）森林型河流水质评价典型案例及示范效益

研究区域内共有8处国控断面受到森林背景值的影响，其 $COD_{Cr}$ 和 $COD_{Mn}$ 均较高，因此通过开展《原始森林型源头水体高COD原因探究——以汤旺河为例》等研究，并对不同时段源头至松花江河口沿程详细调查，分析了水体中有机物的时空变化、来源及生物有效性。结果表明，空间上在人类干扰较少的源头原始森林区呈典型的森林背景值引起的高 $COD_{Cr}$ 和 $COD_{Mn}$ 特点，其主要受自然本底和自然过程的影响。此外，省厅起草了《关于优化黑龙江省受背景值影响水体水质评价和考核的函》等文件，得到了生态环境部的支持，在考核受背景值影响的国控断面时，扣除 $COD_{Cr}$ 和 $COD_{Mn}$ 两项指标，也为森林型河流水质评价提供了可借鉴的模式。

#### 6.3.1.3 矿山修复试点成效显著，增强生态系统服务功能

对工程试点范围内废弃矿山边坡治理、危岩清理，露天场地平整；采矿工业场区整治，煤矿塌陷区回填、平整，清理场区废渣，地质灾害点进行防治，恢复边坡、地表植被等措施完成矿山修复面积 3 337.66 $hm^2$，增加了林地、草地、建设用地、耕地等面积，工矿废弃地得到有效利用，消除地质灾害隐患，因采矿活动造成的生态风险显著降低，当地群众生产生活环境得到改善，实现了矿产资源开发与生态环境协调发展，项目区所在区域内及周边生态系统明显改善，激活了当地第三产业发展活力，区域自然资源承载力和生态系统服务功能显著增强。

鹤岗市将矿山地质环境保护治理与“创建国家森林城市战略”结合，与民生需求相结合。鹤岗市作为因煤而兴的资源型城市，因长期煤炭资源开采导致资源枯竭，生态环境破坏严重，城区内生态系统服务功能降低。在工程实施中合理布局，优化复绿植被树种，合理利用资源，综合整治土地，在城区内黄金地段打造口袋公园绿地，增加城区绿化，通过综合项目实施，使鹤岗市的森林覆盖率达到 50.61%，城市绿化覆盖率达到 41.42%，建设口袋广场、花园近 50 个。显著提升了鹤岗市城区环境质量和周边居民生活质量，有效提升了城市品味和城市形象。

#### 6.3.1.4 黑土地保护成效显著，实现粮食稳产增产

三江平原土地整治高标准农田建设任务为 25 000 $hm^2$，涉及三江平原地区 25 个高标准农田建设项目。经在全国高标准农田综合监测监管平台核实相关数据，项目区内高标准农田建设项目全部竣工，完成建设任务。通过高标准农田项目的实施，进一步优化农业种植业结构调整，逐步提升了项目区耕地质量和水资源利用率，粮食生产能力稳定提高，有力地改善了生产条件，使中低产田变成了旱涝保收的高标准农田，为黑龙江省乡村振兴奠定了坚实基础。

#### 6.3.1.5 生物多样性保护硕果累累

（1）恢复保护湿地超 9 000 $hm^2$

三江平原位于“两屏三带”之一的“东北森林带”的中心区域，是国家生态安全战略格局的一个非常重要的部分，也是我国重点湿地生态功能区。但长期以来人类活动不断增强，对自然生态系统干扰加大，导致水源涵养功能有所下降，濒危物种受到威胁，湿地面积锐减。为保护恢复湿地，增加生物多样性，开展了三江国家级自然保护区退耕还湿、佳木斯沿江湿地自然保护区退耕还湿、富锦市

沿江湿地自然保护区退耕还湿、桦川松花江湿地自然保护区退耕还湿、黑鱼泡自然保护区退耕还湿、同江市八岔岛自然保护区退耕还湿、英格吐河胜利桥南至东南屯段退耕还湿等多项工程，恢复保护湿地 2 034 $hm^2$。黑龙江黑瞎子岛是三江平原湿地的重要组成部分，湖泡、岛屿星罗棋布，沼泽湿地广泛分布且多样，动植物物种十分丰富，在黑瞎子岛国家级自然保护区自然湿地开展的生态保护项目将促进保护区湿地生态系统以及野生动植物栖息地的保护，改善东北亚鸟类迁徙的重要通道、停歇地和繁衍栖息地，保护修复 3 100 $hm^2$。还完成了黑龙江绥滨两江湿地保护与恢复工程、黑龙江沿岸抚远段生态修复工程等多项工程。总计恢复保护湿地超过 9 000 $hm^2$。

（2）繁殖恢复鱼类 40 万尾

抚远市水资源丰富，渔业资源丰富，水域中生长栖息的鱼类有 21 科 83 种，常见的经济鱼类有 11 科 34 种，享有盛名的有史氏、达氏、大马哈鱼、“三花五罗”等，抚远被国家命名为“中国鱼之乡”“中国大马哈鱼之乡”。十几年来，由于江河污染，捕捞强度过大，人为保护不够，放流量不足等因素，使黑龙江的淡水鱼类原种资源已趋于衰退，年产量逐年下降。通过实施黑龙江抚远段鲟鳇鱼种质资源保存工程建设项目，总计繁殖恢复 400 000 尾，投放 10 cm 鱼苗 200 000 尾，投放 15 cm 鱼苗 200 000 尾，恢复和改善了解鳇鱼的栖息环境，维护了生态系统的平衡，限制了人类对自然生态系统的干扰。本工程的实施，对生态环境保护具有重要意义，对保护鲟鳇鱼珍贵物种基因效果显著。

（3）新建种质资源原地保存区 120 $hm^2$

佳木斯富锦市林木种质库资源保护工程项目开展了三江平原区种质资源调查，收集树种包括山杨、蒙古栎、白桦、榆树、水曲柳、黄菠萝、胡桃楸、樟子松、兴安落叶松、长白落叶松等树种种质资源，收集黄菠萝、水曲柳、胡桃楸、蒙古栎、白桦、红松、樟子松、兴安落叶松等针阔叶树种种质库资源 1 000 份。新建种质资源原地保存区 120 $hm^2$，新建种质资源收集区 20 $hm^2$，种质资源扩繁圃 3 $hm^2$，采穗圃 3 $hm^2$，围栏 4 000 m，晒场 900 $m^2$。通过创新种质并改善树种结构，有效地开发利用一大批优异的长白落叶松、山杨、白桦、黄菠萝等针阔叶树种种质资源，为现代林业可持续发展提供充分必要的森林遗传材料，为我国东北地区的物种安全、能源安全和生态安全提供资源保障。

## 6.3.2 经济效益

### 6.3.2.1 资源枯竭城市转型焕发新活力

项目的实施直接带动龙江发展与转型，给予枯竭资源城市新的发展方向及活力。

资源型城市着力加快产业转型，从“低”到“高”，改进升级传统优势产业，加强资源就地转化能力建设，延伸产业链条，提高资源综合利用率。从“无”到“有”，培育壮大接续替代产业。高起点发展旅游业，在“旅游+”上大做文章，实现“从地下到地上、从黑色到绿色”转型。伊春市坚持打好“生态牌”，走好“产业路”，把产业绿色转型升级作为重中之重，优势特色产业加快发展，森林食品、林都北药、木业加工、森林康养等生态产业多元发展，成为新的经济增长点。围绕“粮头食尾”“农头工尾”，林下种养实现规模化、标准化、产业化发展。通过山水工程项目带动农业特色产业扩模增效，已实现绿色有机作物种植面积 141 万亩，食用菌 2.8 亿袋，建设“互联网+种植业”高标准示范基地 22 个，新增农业产业化省级龙头企业 5 家。大力发展旅游业，2023 年“中秋”“国庆”双节期间，全市累计接待游客 93.5 万人次，同比增长 505.9%；实现旅游收入 6.8 亿元，同比增长 533.6%；A 级旅游景区开放 20 家，共接待游客 48.6 万人次。

积极推动城市转型，以人居环境改善为切入点改造老城区，完善基础设施，改善城市面貌。鹤岗市启动城区“两河十四沟”综合治理工程，通过河道整治、生态修复、景观绿化等措施，对城区 16 条河道黑臭水体进行了集中治理，16 条河道水环境明显改善，水体功能显著提升，串联起了 23 座城市公园，良好的生态环境还对鹤岗在招商引资、文化旅游、休闲康养等方面起到积极作用，从而推动鹤岗高质量转型发展。

以环境保护为重点，狠抓矿区环境综合整治，因地制宜推进采煤沉陷区综合治理，实施复垦整地、治理造地、生态修地等一系列措施，坚持绿色发展。七台河市持续开展生态修复和环境治理，系统实施山水林田湖草综合治理，重点加强采煤沉陷区、独立工矿区环境整治，强化矿山修复和水污染治理，项目区共完成矿山修复治理面积 1 923 $hm^2$，建成桃山湖国家湿地公园、倭肯河省级自然保护区，获评全国森林康养基地试点建设市。深入推进节能减排，统筹推进超低排放改造、燃煤锅炉淘汰、物料堆场扬尘治理和秸秆综合利用，连续 3 年超额完成大气减排任务，重点区域大气、重点流域水环境质量明显改善，得到国务院通报表彰。

#### 6.3.2.2 矿山修复改善区域环境质量，提升城市竞争力

通过实施废弃矿山综合治理，植被绿化、地貌景观恢复等措施，有效降低了地质灾害隐患，减缓矿区水土流失，提升矿山所在区域的环境质量，美化矿区及周边群众的生产生活环境。加强第三产业活力，提升城市的竞争力。

鹤岗市将矿山治理与“创建森林城市战略”相结合，加速资源枯竭城市绿色转型升级，为城市高质量发展擦亮生态底色。矿山修复后的良好生态环境为周边地块带来增值溢价效应，吸引社会资本投资。矿山修复产生的林地资源，逐步带动森林产业拓展壮大，提升了城市品位和城市形象，带动区域旅游资源发展。

七台河市矿山修复将采煤沉陷区、废弃煤矿、裸露山体综合整治，解决城市地形地貌破坏、土地资源损毁问题，恢复塌陷区土地使用功能，增加区域绿化面积、建设用地和耕地面积，减少区域水土流失，改善城市生活环境，提升七台河市旅游资源环境，促进经济发展。

#### 6.3.2.3 全力保障粮食生产，夯实农业大省发展根基

开展高标准农田建设，保障粮食生产，对维护东北地区作为国家粮食安全“压舱石”，建设绿色“大粮仓”具有重要意义。截至 2022 年年底，项目区完成新增 25 000 $hm^2$ 高标准农田建设，高标准农田建设取得了明显成效，在调动农民种粮积极性、支撑黑龙江粮食产量连续多年稳定增长方面发挥了重要作用。项目区农业生产条件进一步改善，使中低产田变成了旱涝保收的高标准农田，耕地质量明显提高，据各地提供的数据，建成后的高标准农田粮食综合生产能力明显提升，提高了农业生产的效率和质量。通过高标准农田建设，农业种植业结构进一步调整优化，提高了农产品的产量和质量，促进农民增收，2022 年项目区农村人均可支配收入为 19 254 元，较 2018 年增长了 4 008 元，增长率达 26.3%。高标准农田建设改善了农村生产生活条件，促进了农村基础设施建设，进一步推动了乡村振兴战略的实施。

### 6.3.3 社会效益

饮水安全得到更好保证。工程试点通过实施“一湖、两山、三江”及重要水

源区保护工程，5 个水源地得到有效保护，水生态环境质量持续改善，为流域内居民饮水安全提供了保障，受益人口达到 100 万人。宝清县宝清镇饮用水水源地一级保护区整改工程，新建 6 眼水源井、配套输水管线 8 024 m，扩建三水厂 2 000 $m^3$，退耕还草 19.26 $hm^2$，有效改善了水源地环境和饮用水储运条件，切实保障了区域群众供水和饮水安全。

生存安全得到更好保障。工程试点通过实施矿山地质环境保护、修复与治理，完成矿山综合整治 10 余处，修复面积 3 000 多 $hm^2$。鹤岗市、双鸭山市、七台河市废弃矿山地质灾害问题得到有效治理，水土流失问题得到有效化解，从根本上消除了该区域滑坡崩塌地质灾害发生等安全隐患，不但美化了群众居住生活环境，而且维护了群众生命财产安全。

保护意识得到更好调动。工程试点通过实施生态保护和修复工程，促进了小兴安岭和三江平原地区林下经济、农旅适度发展和产业转型、农民增收，深化了人民群众“绿水青山就是金山银山”的思想观念；同时，在工程实施期间，试点地区组织开展广泛科普教育，切实提高了人民群众生态环保意识，调动了全民保护生态的积极性和主动性，为生态保护和促进绿色产业发展凝聚了共识和力量。

人居环境得到更好改善。工程试点通过采取河道整治、岸线维护、河湖清淤、河湖生态缓冲带建设、退耕还林还草还湿、城市生态空间品质提升等工程措施，试点区域内河道水质质量得到全面改善，国控考核断面地表水达到或优于Ⅲ类水的比例由 41%提高到 74%、国控考核断面地表水质量劣Ⅴ类比例由 5.9%下降到 0，同时河道岸线“脏乱差”的格局得到根本扭转，景观的系统性、整体性、观赏性得到进一步加强。同时，通过实施棚户区修复等工程，进一步优化了生态景观格局，提升了人居环境质量。小兴安岭腹地南北山林缘交错带生态修复工程，完成了伊春市中心城区及乌翠区和伊美区的棚户区修复、建设了游园、进行了绿化美化；鹤岗市煤矿棚户区、采煤沉陷棚户区动迁修复工程完成拆迁失去维修价值的棚户区 40 万 $m^2$，整理绿化用地 1 907 340 $m^2$，并完善了景观石、道路，成为当地一道亮丽的风景线和群众休闲锻炼的绝佳场所。

# 第 7 章

## 制度建设与经验做法

## 7.1 高位推动有力，组织管理有序

黑龙江省针对山水试点范围大、涉及城市多而且每个城市情况和项目管理方式不统一、整体项目推进难度大等情况，区别于其他试点地区的特殊之处，深入研究试点工作管理和推进的具体方法，建立了省级统筹抓总、多级组织管理、层层分解责任的试点工作推进体系，并将工程试点纳入全省“百大项目”统筹推进，为工程试点均衡有序开展提供了组织保证。

在组织领导方面，2018 年 8 月下发《黑龙江省人民政府关于成立黑龙江省小兴安岭-三江平原山水林田湖草生态保护修复工作领导小组的通知》(黑政调〔2018〕48 号)，成立了由省长任组长、主管副省长任副组长，省发展改革、财政、自然资源、生态环境、住建、农业农村、水利、林业和草原等省直部门，以及佳木斯、鹤岗、双鸭山、七台河、伊春和鸡西等市政府一把手为成员的“黑龙江省小兴安岭-三江平原山水林田湖草生态保护修复工作领导小组”，下设办公室，定期召开总结推进会议，解决试点过程中存在的问题，统筹推进工程试点工作有序有力开展。2020 年，组织对试点区域和工作进行了充分调研，在工程试点总体任务目标不变化的前提下，对《实施方案》进行了进一步优化完善，经省政府同意后报国务院有关部门备案，为生态保护修复作用发挥提供了有力保障。优化完善后的方案，工程内容和项目布局调整更加科学合理，约束性和预期性指标更加明确。同时，针对区域天气寒冷、有效施工期短的实际，将项目实施期延长两年，实现了进度和质量的双保证。

在责任分工方面，2019 年 5 月开始实行省级统筹协调、市级区域总负责、市县政府为责任主体、有关部门分别督导落实的责任机制，从 6 个层面压实管理责任。其中，省级负责政策指导和督查；市级负责督导推进，设定时间表和路线图；市（县、区）政府为责任主体统筹协调推进；子项目承担单位具体负责项目建设；业务咨询机构跟踪服务提供技术支撑；市（县）政府的相关部门进行行业指导并对监理单位的质量、进度进行检查。

在试点推进方面，各试点市（县）严格落实主体责任，成立工程实施领导小组和山水林田湖草项目管理办公室，按照实施方案规划内容和时限，组织开展工

程实施，扎实推进任务落实；省山水办充分发挥综合协调推进作用，严格实行每周全面调度一次、定期召开推进会议、常态开展督导调研检查等工作机制，及时掌握和破解各市（县）项目建设中存在的问题，指导试点市（县）有序有力推进工程试点建设。

在省级层面指导督促下，各试点市（县）采取政府明文指定和项目法人单位与受益主体签订管护协议等方式，对65个子项目有针对性地逐个签订管护合同或协议、逐个明确管护责任主体、逐个落实管护经费和具体任务、逐个建立管护制度、逐个规范管护要求。在项目移交管护过程中，依据审计报告提供的资产清单和竣工验收报告、工程结算报告及工程复核报告认定的工程内容落实管护范围，明确保持建设工程及设备正常运行和维修、苗木养护抚育等管护措施，真正实现前期建设和后期管护的紧密衔接、无缝对接，确保工程试点发挥长期生态效益。

## 7.2 创新生态修复模式

### 7.2.1 持续提升森林质量，增强水源涵养能力

东北森林带是我国重点国有林和北方重要原始林的主要分布区，由于历史长期高强度的人为干扰（采伐和开垦），导致森林原生生态系统退化，主要表现为森林结构不合理（幼、中龄林比例过大）、质量不高（生产力下降），中幼林面积占比较大等，从而导致森林涵养水源、维持生物多样性等功能下降。为有效修复、保护项目区生态环境，增加森林面积、提高森林质量、提升水源涵养功能、调节生态平衡，从而持续提升生态系统碳汇增量，实现我国“双碳”目标作出专属的“黑龙江贡献”。项目通过开展一系列森林保护类生态环境修复工程，例如在小兴安岭腹地，通过实施小兴安岭腹地南山植被恢复与保护工程、小兴安岭腹地北山植被恢复与保护工程、小兴安岭腹地南北山林缘交错带生态修复工程等，全面落实天然林保护政策，加大天然林封育管护力度，对于多功能兼用的天然林，坚持保育结合，对中幼龄林、低产林开展积极的培育，以提高天然林数量和质量。对于稀疏、退化的天然次生林，开展补植补造、人工促进天然更新等抚育经营，优化林分树种结构，保留乡土树种，林下栽植红松等针叶树种，加快森林正向演替，

提高林地生产力，培育天然林后备资源。对于受害严重、枯死木比例高、林分健康状况差的天然林，及时清理被害木，开展林分改造与恢复，促进天然林生态系统的健康稳定。重点加强原始阔叶红松林生态系统的监测和保护、珍稀濒危物种保护，同时重点恢复与保护红松、水曲柳、胡桃楸等特有树种的天然母树林，加强对红松等具有重要经济价值和应用价值树种天然更新苗木的保护与抚育，增加其在群落中的比例，维护阔叶红松林天然种质资源安全，从而提升森林生态系统质量，为区域森林生态系统可持续经营及功能持续、稳定和高效发挥提供范式。实行“设计、采购、施工一体化”的 EPC 模式，实现设计、采购与施工各环节的紧密结合，充分发挥 3 个环节的优势互补作用，在新冠疫情的不利影响下，保证了多个森林保护类生态修复试点工程项目高效实施。同时，创新技术应用维度，通过采用“3S”技术、倾斜摄影等新技术，为项目区森林生态修复和后期监测、管护提供基础数据支撑。在科技支撑加持下，增强生态系统水源涵养监测评估能力，为碳达峰碳中和的科学评估提供宝贵的“黑龙江经验”。

### 7.2.2 扎实推进矿山修复，立足长远以点带面

矿山修复破除思维定式，跳出传统模式，扭转单点治理方式，立足长远，综合施策，以点带面，因地制宜，与区域国土空间规划、城镇发展相结合。统筹谋划、分类治理废弃工矿地、塌陷区、棚户区、弃渣堆、破损山体等，逐步实现山青、地绿、景美的目标。

鹤岗市作为黑龙江省小兴安岭-三江平原山水林田湖草生态保护修复项目中子项目数量最多、项目类型最丰富的城市，将矿山修复与城市特点相结合，形成了独特的适合自身城市发展的创新模式。

（1）项目类型政策手段多维合一共促城市生态建设

鹤岗市把绿色发展理念贯彻到城乡规划建设管理的各个方面，多措并举，对因采煤而形成地貌进行生态恢复和生态重建，将“山水林田湖草”生态修复工程、“两河十四沟”清水秀岸工程、棚户区改造与建国家森林城市、城区基础设施升级改造工程全面结合，多类型项目并进开展、多部门政策领跑助力，相辅相成，统一城市生态建设目标，全面贯彻“一城山水半城林”的山水生态城市规划。

（2）植被类型多种分布形式助力城市碳汇能力提升

鹤岗市矿山生态修复工程中包含单一乔木林地修复单元、单一灌木林地修复单元、单一草本修复单元、乔灌草混合修复单元等多种类型的修复单元。因此，根据各修复单元的立地条件、土壤类型、周边植被等，确定了不同种类的植物。这种工程布局可以为开展生态修复项目对城市碳中和能力的影响研究提供研究对象，优化生态修复项目的发展规划及治理手段，以期因地制宜地改善城市碳中和能力，助力“双碳”目标的实现。

（3）修复绿地、城市公园、口袋广场连点成面活跃城市经济

开展山水林田湖草生态保护修复的同时，鹤岗市在城市各区修建城市公园、口袋广场，结合矿山修复绿地为人民群众建设“十五分钟健身圈”。新一体育公园项目，就是措施之一，栽植乔灌木 38 种，共 32 万余株，栽植花卉 13 种近 400 万株，是集运动、休闲旅游、园艺展示和科普教育于一体的体育公园。目前，鹤岗市城区绿化覆盖率 41.42%，已建设口袋广场、口袋花园 46 个，建设城市公园 23 个，将城市棚户区改造、采煤沉陷区改造腾退出的空闲土地全面盘活，带动了绿化区域周边的经济发展。

### 7.2.3 推动流域综合整治，水下岸上同步治理

综合考虑流域水环境问题的严重性、水体敏感性、生态环境功能重要性、环境风险强弱等因素，以及对区域生态系统的影响，通过实施河道综合整治、流域综合整治、污水处理厂提标改造、存量垃圾处理处置、水源地保护等工程，对伊春河、倭肯河中下游、松花江下游支流及黑龙江同江-抚远段支流开展流域水环境保护治理工程，维护城市生态环境，美化城市景观，在改善人们居住环境的同时，打造宜居宜业的美丽生态环境。

鹤岗市“两河十四沟”清水秀岸综合治理一期工程统筹考虑自然生态各要素、山上山下、地上地下、流域上下游，把修复山地环境、维护水源涵养功能、提升水环境质量等任务有机结合，进行整体保护、系统修复、综合治理，从河道工程、底泥疏浚工程、生态修复工程、污水截流管线工程、排污口综合整治工程及清水源工程多个方面开展治理工作，筑牢区域生态安全格局。以“不丢项，不落段，水下岸上同步治理”为原则，对城区 16 条河道黑臭水体进行了集中治理，如今这

16 条河道不仅岸绿水清，更是串起了 23 座城市公园。全面解决了鹤岗主城区水体黑臭、自净能力低、污染加剧的问题，同时为居民休闲娱乐创造一种河水清澈、空气清新的环境，见图 7-1。

图 7-1 鹤岗“两河十四沟”项目范围及治理后图片

七台河市倭肯河流域城区段生态保护与修复工程，对万宝水库和桃山水库坝下废弃地、桃山水库南岸区域进行生态环境修复及湿地修复，通过栽植乔灌木和水生植物，达到固土、防沙，恢复湿地，减少水土流失，加大流域污水处理能力，减少污染面源的目的。完成倭肯河流域、茄子河、中心河支流湿地修复 700 $hm^2$，湿地治理修复区域人均改善受惠人数 12.75 万人，实现河畅、水清、岸绿、景美的目标。

### 7.2.4 实施高标准农田建设，切实保护黑土地

黑龙江省各级农业农村部门以藏粮于地、藏粮于技为总抓手，大力推进高标准农田建设，不断提高粮食综合生产能力。三江平原土地整治高标准农田建设任务为 25 000 $hm^2$，经在全国高标准农田综合监测监管平台核实相关数据，高标准农田建设项目完成建设任务。通过高标准农田项目的实施，进一步优化农业种植业结构调整，逐步提升了项目区耕地质量和水资源利用率，粮食生产能力稳定提高，有力地改善了生产条件，使中低产田变成了旱涝保收的高标准农田，为黑龙江省乡村振兴奠定坚实基础。

松花江富锦段沿岸退化耕地修复治理工程由富锦市自然资源局负责组织实施，周期为 2019—2021 年 3 年任务，主要建设内容为修复退化耕地面积 32.15 万亩。通过项目实施，完成秸秆还田面积 21 432.91 $hm^2$，处理秸秆 12.15 万 t；耕地增施有机肥面积 2 480.11 $hm^2$，施用量 3.72 万 t（其中 2020 年项目因锦西灌区占地 2.1 $hm^2$、农民休耕 45.45 $hm^2$，氮肥用量减少 6.5 t），增施氮素 0.28 万 t。土壤监测采集并实验检测 712 点项次，农业综合服务平台 7 处，土壤墒情及气候监测设备购置安装 14 套。截至 2022 年 5 月，松花江富锦段沿岸退化耕地修复治理工程已全部完成 2019—2021 年建设任务，通过秸秆还田及施用有机肥，提高农民对耕地质量退化的意识，自觉进行秸秆还田等农业措施，改善农田生态环境，提高黑土耕地质量。

### 7.2.5 加强林草湿地修复，全流程保护生物多样性

受人为因素和自然因素的影响，区域资源过度开发，局部森林、湿地生态系统遭到破坏等因素影响，小兴安岭地区生物多样性受到了很大的威胁。

三江平原湿地保护与恢复工程全面完成了 8 个片区统筹实施退耕还湿、土地平整、自然封育、湿地植被恢复等建设任务，使“北大仓”变成了“北大康”（图 7-2）。8 个片区中共涉及 7 个自然保护区，分别为三江国家级自然保护区、佳木斯沿江湿地省级自然保护区、富锦沿江湿地省级自然保护区、桦川湿地省级自然保护区、黑鱼泡湿地省级自然保护区、八岔岛国家级自然保护区和三环泡国家级自然保护区，巩固强化湿地“城市之肺”生态功能，并且在 7 个自然保护地统筹实施退耕还湿、湿地植被恢复、湿地补水、水体净化塘等措施，持续推进自然保护地体系建设。在黑瞎子岛实施国家级湿地自然保护区能力建设工程，完成了瞭望塔、远程监控系统、巡护路维修等建设任务，恢复湿地 3 100 $hm^2$，改善了湿地生态系统及野生动植物的栖息环境，特别是一些东北亚鸟类如东方白鹳、大天鹅、丹顶鹤等珍贵水禽，维护了生态系统的平衡，为严守湿地范围、提升湿地物种多样性、动植物种质资源保存、巩固湿地生态功能提供了强有力支撑（图 7-3）。在勃利县碾子河南段开展了水源涵养、生境修复、湿地净化、生物多样性、鸟类栖息地保护，保证了南段滨河景观的生态性，也保护了当地生物多样性。

图 7-2 三江平原湿地保护与恢复工程

图 7-3 黑瞎子岛观测站、瞭望塔

在双鸭山市宝清县挠力河流域开展的生态环境综合整治修复工程，采取在整个水系沿岸配套生态护坡、护岸措施，沿河两岸恢复大量草地，形成城区河湖生物多样性，为区域生态平衡打下良好的基础，提高水资源和水环境承载能力，改善水质，满足生活、生产和生态要求，提高水的自净能力和水环境承载能力，形成良好的湿地景观，为各种水生生物、动物、鸟类提供较为适宜的生存环境，为市民提供与自然和谐相处、健康发展的空间，最终实现新增林草修复面 25.94 $hm^2$，湿地修复面积 86 $hm^2$ 的环境保护目标。

富锦市林木种质资源保存工程全面完成了种质库、种质资源保存区、种质资源扩繁圃与采穗圃、病虫害防治设备购置等建设任务，贯彻科学评价和合理利用的原则，通过创新种质并改善树种结构，有效地开发利用一大批优异的长白落叶松、山杨、白桦、黄菠萝等针阔叶树种种质资源，为现代林业可持续发展提供充分必要的森林遗传材料，为我国东北地区的物种安全、能源安全和生态安全提供资源保障。在黑龙江全面完成了鲟鳇鱼繁育、放生、巡护设备购置等建设任务项目后，增加蝗鱼繁殖恢复 40 万尾，为鱼遗传资源保存打下基础，恢复和改善了鲟蝗鱼的栖息环境，维护了生态系统的平衡，限制了人类对自然生态系统的干扰，对保护鲟鳇鱼珍贵的物种基因效果显著，见图 7-4。

图 7-4　鲟鳇鱼放流

针对生物多样性丧失或下降、特殊保护生物物种减少、外来有害物种入侵等问题，已开展注重栖息地、物种和基因多样性的保护修复等工作。重点对珍稀濒危动植物栖息地进行生态保护和修复，扩大了生态空间，打通了生态廊道，构建完成了生态保护网络，营造了良好的生物栖息环境。且在生物多样性特定保护区，对珍稀濒危动植物进行了封育保护，完成了一系列各类生态环境修复保护工程，形成了包括恢复湿地、修复林草、培育野生生物的全流程生物多样性保护模式。

## 7.3 多元资金筹措模式

为有序推进项目扎实落地，切实用好项目资金，黑龙江省委、省政府不断优化项目管理方式，建立了一系列相关规章制度。省财政厅、自然资源厅、生态环境厅联合印发了《黑龙江省山水林田湖草生态保护修复工程试点资金管理办法》《黑龙江省山水林田湖草生态保护修复工程试点项目管理办法》《黑龙江省山水林田湖草生态保护修复工程试点资金绩效考评办法》，通过政策的制定，进一步明确了小兴安岭-三江平原山水林田湖草生态保护修复工程试点实行市地政府区域总负责制，市（县）政府为责任主体，各试点项目相关规定逐一落实总体布局、规划设计、立项变更、招投标、工程建设实施调度、质量和进度管理、档案管理、定期汇总上报情况、组织项目验收和督促落实管护责任等具体工作。

## 7.4 引导“绿水青山”向“金山银山”转化，落实绿色发展

工程试点就是践行习近平总书记“绿水青山就是金山银山”理念的重要实践，取得的生态效益、经济效益、社会效益同步提升就是最好的证明。在下一步工作中，黑龙江省将继续坚持把转化“绿水青山就是金山银山”理念作为转变发展方式、推进绿色发展的突破口，深入研究转化举措，协调推动生态保护修复和经济社会发展工作同步落实，努力形成良好风气、营造良好氛围。在省市（县）政府层面，突出加强对工程后期管护工作的监督检查，把管护责任履行到位与否和试点成果巩固发挥良好与否作为重要指标，对试点成果被破坏的，坚决督促整改并追究责任；对试点成果巩固、作用发挥良好的，通报表扬，并在相关政策和资金上给予倾斜。在群众层面，除了对以生态成果转化为经济效益、促进群众增收的经济利益进行正面引导外，对破坏生态环境的坚决依法公开处置，通过正反两方面的教育引导，深化群众“绿水青山就是金山银山”意识，打造各级政府部门监管、管护责任主体尽责、人民群众广泛支持的生态保护修复工作格局，为推动全省绿色发展提供强大的力量支持。

# 第 8 章

## 结论与建议

## 8.1 综合评估结论

《实施方案》提出了森林保护修复、矿山环境治理恢复、土地整治与修复、生物多样性保护、水环境保护治理、监管能力提升6类重点任务，共建设65项重点工程。截至2023年12月，63项工程项目主体工程全部完工，完工率100%。其中，54项工程完成竣工验收，9项工程正在验收或验收整改中。2项非工程项目已完成验收。项目区提出的修山护林、治水、保田、生物保护4类共计15项生态环境考核指标全部完成。分类指标完成情况如下。

修山护林方面，新增林草保护修复面积 9 415.55 $hm^2$，已超过《实施方案》提出的目标值。新增矿山保护修复面积 3 337.66 $hm^2$，已超过《实施方案》提出的目标值。新增水土流失治理面积 1 000.01 $hm^2$，完成了《实施方案》提出的目标值。

治水方面，国控考核断面地表水达到或优于Ⅲ类水的比例达到 74.4%，超额完成目标14.4个百分点；国控考核断面地表水质量劣Ⅴ类比例为0，达到目标要求；城市集中式饮用水水源地水质达标率100%，达到目标要求。截至2022年年底，桦南县、依兰县、鹤岗市、双鸭山市生活垃圾无害化处理率达 100%，完成93%的任务目标。2022年依兰县城市污水处理率完成95%的任务目标。佳木斯市内河区域环境治理工程等19个子项目共完成氨氮消减4 192 t/a、化学需氧量消减29 633 t/a、总磷消减278 t/a，超额完成绩效目标。

保田方面，新增污染土壤治理面积15.09 $hm^2$，超额完成效益目标。三江平原土地整治高标准农田项目建设高标准农田 25 000 $hm^2$，完成新增高标准农田建设效益目标。通过高标准农田项目的实施，进一步优化农业种植业结构调整，逐步提升了项目区耕地质量和水资源利用率。

生物多样性保护方面，根据省林草局统计和复核，湿地保护修复共计10 488.17 $hm^2$，超额完成效益目标。鲟鳇鱼种质资源、秋沙鸭栖息地得到有效保护，项目实施区域内重点野生动植物保护率达到100%，维持了区域生物多样性、保持了生态平衡。

项目区内整体生态环境质量总体改善，15项生态环境考核指标均已完成，湿地保护取得成效，植被覆盖保持稳中向好，矿山修复有了较大的提升，水环境质量提升明显，生物多样性得到切实保护，生态系统服务功能稳定提高。新增林草保护修复面积 9 415.55 hm$^2$，区域平均 NDVI 达到了 21 世纪以来的最高值。水环境方面，项目区国控断面达到或好于Ⅲ类水体比例由 41.2%增长至 74.4%，国控断面劣Ⅴ类水体清零。2022 年项目区总水土流失面积比 2018 年减少 598.71 km$^2$，项目区水源涵养服务功能在 2022 年重要性评价结果为一般重要及较重要区域面积减少 12 068 km$^2$，中等重要区域面积减少 1 780 km$^2$。项目区矿山数量减少 156 座，历史遗留废弃矿山破坏土地面积减少 3 359.23 hm$^2$，其中，影响严重区内的矿山数量减少 49 座，矿山环境有较大的改善。项目区加强自然保护地整合与保护、生态环境保护与修复及野生动物保护管理，共实现新建林木种质资源保护区 146 hm$^2$，黑龙江抚远段增加流鲟鳇鱼繁殖恢复 40 万尾，项目区生态系统的多样性、生境条件改善、物种多样性等具有不同程度的提高或改善。

工程试点的实施，有力促进了森林保护与修复、矿山环境治理、粮食安全黑土保护、生物多样性保护、水环境保护治理等保护修复措施的落实，增强了区域生态屏障功能，提高了水源涵养能力，控制了水土流失和黑土地退化，丰富了地区生物多样性，有力保障了小兴安岭、三江平原的生态安全，在巩固祖国最北方生态安全屏障方面起到了重要的促进作用。

工程试点的实施，不但直接带动了农林牧渔业、水利和公共设施管理业、建筑业、专用设备制造业、综合技术服务业等行业发展，拉动所在地区生产总值增长，而且间接改善了实施区域的小气候和生态环境，为区域生态旅游业、生态农业、林业经济、渔业养殖等产业发展奠定了基础，对推动实施区域产业结构调整升级、带动区域经济发展、助推乡村振兴、促进城乡居民增收致富、提升地区知名度和“北大仓”农业生产水平具有重要的保障和推动作用。2022 年，项目区地区生产总值达到 2 450.7 亿元，较 2018 年的 2 106.3 亿元，增长 16.35%；项目区地区生产总值占全省的比例，也由 12.87%增长到 14.51%。

## 8.2 存在的问题

项目区内试点工程项目已全部完成主体工程建设，生态保护修复成效也已初步显现，但从总体评估情况来看，还存在一些问题、隐藏一定风险。

一是规范标准不统一，不利于项目实施管理。生态保护修复涉及部门都有独立的行业规范标准，这些规范标准多从部门职责出发围绕生态系统单一要素制定，不符合整体系统保护修复的要求，也缺乏统一的质量效益评估判断标准，给项目实施管理评估增加了难度。

二是国家政策调整，影响了项目建设实施。受国家不断收紧耕地“进出平衡”等耕地保护相关政策规定的影响，导致部分子项目按原计划无法实施，如伊春市南山、北山、南北山林缘带等3个森林保护修复工程的林草保护修复项目和鹤岗市绥滨两江湿地保护与恢复工程的湿地保护修复项目，因无法满足耕地“进出平衡”政策要求而终止实施。

三是全面修复尚有差距。此次试点已经初步实现了生态环境质量持续向好的阶段性预期成效，但由于试点区域只占黑龙江省总面积的1/5，也未完全覆盖松花江流域，因此需要充分发挥工程试点引领作用，将生态保护修复工作从小兴安岭-三江平原扩大到全省，真正把全省生态环境问题解决好，依靠生态环境的全面改善，使未来黑龙江天更蓝、山更绿、水更清，坚决扛起维护国家生态安全的重大政治责任，更好地巩固和发挥祖国最北方生态屏障作用。

从整体验收评估情况来看，一些市、县的善后收尾工作还存在一定的问题，如部分子项目缺少财务决算报告、部分子项目竣工验收报告和自检自查报告不完善等。建议针对验收过程中发现的问题督促指导相关市、县尽快完成问题整改。

## 8.3 下一步工作建议

结合政策要求的梳理和国内外已经开展的生态修复机制案例研究结果，主要从技术保障、监测体系、公众参与等方面制定生态修复长效机制，确保生态保护修复达到标本兼治的效果。

### 8.3.1 强化技术保障

已完工项目实施督促机制和监督机制，综合运用黑龙江省基础信息平台实施监督信息系统，推动各级各类生态保护修复重大项目上图入库，实现生态保护修复全方位统筹、全过程监管、全地域联动。将生态保护修复工程及子项目立项、实施、验收等环节的信息及时上图入库，明确项目位置、规模、类型、内容及建设进展与成效等，实现基于生态现状的规划范围可查、实施区域可看、管理流程可溯、实施效果可评的生态修复全业务链管理。

提升智能化运行管理水平。建立山水林田湖草生态修复管理的信息化体系，统筹整治修复的物质资源、信息资源和智力资源，实施跨部门、跨行业、跨地区的政务信息共享和业务协同。持续丰富信息获取和共享渠道，通过设立端口，对接各部门、各行业相关数据，推进各类数据共建共享。建立生态保护信息服务体系，提升生态保护修复面向社会公众的服务能力，实现山水林田湖草生态修复管理精细化、可视化和社会治理协同化、透明化。

### 8.3.2 完善监测体系

提升监测能力。利用多源遥感卫星数据，结合现场实地调查监测，提升生态保护和修复重大工程实施情况监测能力。统筹考虑资源类型、行政区划和重点生态区分布，完善森林、草原、湿地生态站布局，针对重点区域或流域自然资源利用引发的生态风险和服务于生态保护与修复开展野外综合观测研究，推动形成层次清晰、功能完善、覆盖小兴安岭-三江平原主要生态区域的生态站网。在原有生态定位观测研究站布局基础上，充分发挥各类自然保护地的作用，综合利用多源卫星遥感、无人机、GPS、雷达、物联网、互联网等高新技术，加快构建实时、高效、准确、自动化、全方位的监测体系。

加强数据挖掘及发布。依托生态环境监测网络平台和大数据，运用云计算、物联网等信息化手段，加强对监测数据集成分析和综合应用，全面掌握生态系统构成、分布与动态变化，及时评估和预警生态风险，实现实时动态、可视化、可追踪的全程全面监测监管，并定期统一发布生态环境状况监测评估报告。

建立监测预警长效机制。依据动态监测结果，实现对重大工程实施情况的跟踪监测，及时反馈生态修复的不适应状态并调整相应的修复方案，采取更有效的针对性修复措施，为工程实施的监督管理提供支撑；及时发现资源超载、过度利用等问题，对项目实施中出现的目标、任务、政策偏差等及时进行预警，及时评估和预警生态风险，从而提高管理决策科学化水平。

### 8.3.3 鼓励公众参与

采用多种形式开展广泛宣传，提高社会公众对山水林田湖草生态保护和修复工作的认识。例如利用互联网、移动媒体等手段，普及生态保护及修复的相关知识，推动形成全社会保护生态环境的良好氛围。充分发挥传统媒体及新媒体矩阵等平台作用，加大治理工程建设等信息公开力度，健全环保信用评价、信息强制性披露等制度，保障公众知情权。

引导社会监督，为生态保护和修复工作保驾护航。畅通山水林田湖草生态修复渠道，搭建山水林田湖草生态修复民众参与平台，动员全社会参与到综合治理工作中，及时回应和解决群众关心的生态环境突出问题，共同营造积极正面的舆论氛围。推动生态工程全民共建、生态产品全民共享，适当开放自然资源丰富的重大项目区，让公众深切感受生态保护和修复成就，提高重大工程建设成效的社会认可度，积极营造全社会爱生态、护生态的良好风气。